ぽれぽれ高尾山観察記
──遊び心で探す自然のたからもの──

ぽれぽれとは…
スワヒリ語でのんびり、ゆっくり

── 目次 ──

遊び心で高尾山　　　　　　　　　4

1. 葉痕編　　　　　　　　　　　5
クズ王国
　―王室の顔ぶれ―　　　　　　　6
　―国民の顔ぶれ―　　　　　　　7
メタボくんとスリムくん　　　　　8
葉っぱの痕は、こんな顔　　　　　9
サンショウは顔も小粒が多い　　　10
やっぱりそれなりの顔　　　　　　11
さまざまな顔　　　　　　　　　　12
こんな楓、どんな風？　　　　　　13
葉っぱ虫？の楓太郎　　　　　　　14

2. シモバシラ編　　　　　　　15
初期の氷の華
　―串団子に似たものも―　　　　16
勢いは積雪を貫く　　　　　　　　17
コブシの花のそっくりさん　　　　18
不思議な形　三態　　　　　　　　19
まるで羽毛と綿菓子　　　　　　　20
演出する光と影　　　　　　　　　21
まさに匠の技　　　　　　　　　　22
ガラスの翼　　　　　　　　　　　23
羽ばたく親鳥と雛　　　　　　　　24
どっちが表かわかるかな？　　　　25
乙女の髪飾りと船首なきヨット　　26

3. 百花繚乱（花の世界）　　　27
福は連なる　　　　　　　　　　　28
花の誕生！
　―目覚めが早いアズマイチゲ―　29
表情を変える、ハナネコノメ　　　30
仲間いろいろ、ネコノメソウ　　　31
下手な鉄砲数撃ちゃ当たる　　　　32
華麗なる「静御前」の舞い姿　　　33
葉っぱなのか、花なのか　　　　　34
継続は力なり　　　　　　　　　　35
アリさん、アリがとう　　　　　　36
コンロンソウの仲間たち　　　　　37
おや？チョッと変だぞ　　　　　　38
三者三様、エンゴサク　　　　　　39
ひとりじめか？恥じらいか？　　　40
花の分散　　　　　　　　　　　　41
ルリ花三種　　　　　　　　　　　42
仲良し葉っぱ兄弟　　　　　　　　43
黄門様の紋所　　　　　　　　　　44
個性それぞれ、百花百態　　　　　45
渡辺綱物語　　　　　　　　　　　46
浦島伝説　　　　　　　　　　　　47
ヤマブキソウ三花　　　　　　　　48
花びらの中、かくれんぼ　　　　　49
オニグルミの晴れ舞台　　　　　　50
チゴユリのかかあ天下　　　　　　51
香りを放つ大輪の花　　　　　　　52
己を知る　　　　　　　　　　　　53
花が優先、タチガシワ　　　　　　54
弱きを護る？　　　　　　　　　　55
鳴らない鈴が生っている　　　　　56

小さい美女たち	57
梅雨対策は万全	58
潜水艦そして、帆掛け舟	59
眩しいよー	60
花の命は短くて…	61
避暑地暮らしのイワタバコ	62
居候そのもの	63
じいじとばあば	64
たかーい、たかーい、タカアザミ	65
変化するアザミ？	66
たまには出てくる変わり者	67
糊口を凌ぐ	68
オケラって文無し？	69
どうするの？狐の嫁入り	70
なぜかきれいに咲いた花たち	71
飛べないカモメ	72
飛べるカモメ	73
スミレいろいろ	74
ランあれこれ	80

4. 考える植物　87

自分で種まき？	88
季節を分けての種子づくり	90
理想は高く、でも現実は…	91
トカゲのしっぽをまねて…	92
ゴーイングマイウェイ	93
ホンネとタテマエ	94
性格の違い？	96
虫を呼び寄せる花の知恵	97
蜂たちのスタンプハイク	98
スポンサーは、キバナアキギリ	99
キバナアキギリの受粉	100
いただいたらお返し？	101
テリトリーを広げる工夫	102
知恵を絞って大きく見せる	104

5. 番外編 (何でもみてやろう)　105

作者不詳	106
理想的な離層？	107
寛容植物	108
富士山描写コンテスト	109
撮ったぞ、ツミの必殺技	110
ビロードツリアブはこうして眠る	111
子どもを護る親心	112
馬子にも衣装	113
またも出てきた変わり者	114

6. 果実　115

未来を託された果実たち	116

付録	122
あとがき	124
1年の終わり	125
索引	126

遊び心で高尾山

　京王高尾線の終着駅である高尾山口。そこから5分ほど歩くと、高尾登山鉄道の清滝駅がある。そこにはリフトがあり、駅前広場にはベンチもある。初めての人は案内板もあるから、じっくり腰を落ち着けてたくさんあるコース選びをするとよい。回を重ねると、季節ごとのコース選びができるようになる。

　さて、この本の目的とするところは、遊び心で高尾山を楽しむための入門書であり、そのための参考になるよう心がけた。人の心は気の持ち方ひとつで老いることはない。けれど、人の体は年を重ねるごとに確実に老いていく。楽に登れた山道も、徐々に苦しさを感じるようになってくる。そんなときその苦しさを取り除いてくれるのが、季節ごとに路傍に咲く草木の花たちではないだろうか。

　高尾山とその周辺は、近隣の山々に比べても圧倒的に花の数が多い。花を愛でつつコースをのんびり歩き、いつしか山頂にたどりつく。こんな疲れを知らない登り方が理想的ではないだろうか。春の花と秋の紅葉、そのときだけ高尾山を訪れるのもよい。

　しかし、この本では年間を通して高尾山を楽しむために、一部花の追跡や、冬のシモノハナ（氷の華）や冬芽、維管束痕（顔）、鳥など、カメラがとらえたものは載せるようにした。いろいろなものを観察するには、童心に返り、なぜなぜ心で臨んでみよう。

　観察といってもレポートの提出などないのだから、気楽に自問自答すればよい。例えば、ホタルブクロやハンショウヅルなどの花は、なぜ下向きに咲くのだろうか？　雨からシベ（オシベやメシベ）を護るため。でも、この回答では面白くない。上向きにすると余計なエネルギーが要るし、そんな余分な予算の持ち合わせがないから、あるいは、のぞかれないようにしているのかもしれない。などなど……珍回答は遊び心でいくらでも導き出せる。正解は花自身が知っている。

　高尾には自然がある。その自然にはできたての酸素がある。できたての酸素を吸うこと自体、贅沢なのである。贅沢気分に浸りながら自然を観察し、歩いているだけで適度の運動をこなし、脳も活性化しているのではないだろうか。

＊注意＊
この本は、専門外の1ハイカーが、高尾山周辺で見かけた植物などを観察し、独断と偏見によって書き上げました。
専門家の監修を受けておりませんが、ご了承ください。

1.葉痕(顔)編
ようこん

　百花繚乱の高尾でも、冬は花が途切れる。そんな季節、シモバシラやキジョランなどと共に楽しめるのが「葉痕探し」である。探せば60種類ぐらいの「顔」がある。
　ここでいう葉痕(葉が落ちた茎や枝に残された痕)とは、維管束によってできたものである。維管束とは、種子植物の茎・根・葉などの内部を貫く、水や養分の通路のことである。
　クズ、カラスザンショウ、アジサイなどの顔は大きいので肉眼で見られるが、他の植物ではルーペが必要。

　さあ、「顔の季節」を楽しもう!

クズ王国　―王室の顔ぶれ―

国王

クズ（葛）

王妃

　クズの名は、奈良県の国栖地方で葛粉を生産していたことによる。クズは蔓植物であるため、まっすぐに伸びることはほとんどない。したがって、葉のつくところは上向き、下向き、横向きなど一定しないので、個性豊かな顔ができあがる。顔のできるところは節にあたり、その部分が土に当たると、そこから根が出てくる。国王の髭は、その髭根からできている。

皇太子

皇女（皇太子の妹）

　皇太子の顔は、若さゆえにあどけなさがある。顔の形から比較的いい場所に生えた葉の痕かと思われる。親が国王だから苦労がない。でも年々公務が増えてくると、楽ばかりしていられない。常に国民の目が気になりだし、窮屈さを感じるようになる。

　皇女は、少し太り気味だが可愛い。女の子でよかった。男の子だったら、国王亡き後跡目相続争いが発生する心配がある。

　昔どこかの国であった、壬申の乱（672年）。大友皇子と大海人皇子（叔父と甥）の戦い。その結果、天武天皇誕生。葛の間でそんな戦が起きたら、お互いに蔓で絞め殺し合いになるのだろうか。そうなったら、いつも葛に絡まれている樹木もくずくずしていられない。

DATA　**クズ（葛）**【マメ科　クズ属】
地下にいも状に絡まる、長さ1メートル以上のつる性多年草。秋の七草のひとつ。

― 国民の顔ぶれ ―

国会議員：居眠太郎
選挙のときは元気。国会では眠気。

議員秘書：名義貸子

冬野寒太郎
年中このスタイル。ほかに着物がないから、仕方がない。

枝下苦労
額から突き出た枝に押さえつけられ、顔が圧縮されている。生まれながらにして楽ができない運命を背負っている。

酒飲鷹郎
酒焼けもここまでくれば立派。朝酒、昼酒、夜酒、そして顔は夕焼け。酒飲んでないときだけ仕事する。結局、1日中飲んでる。

酒尾飲蔵（酒飲鷹郎の弟子）

樋余っ床三平
ヒョットコ面をかぶらなくても、素顔で安来節が踊れる。生涯安来節を踊る、安来武士。でも刀は持ってないよ。楽しくて楽しくて、みんなで見に来てちょ〜。一緒に踊ろうよ。

　クズ王国の国民の顔ぶれを見ると、まじめな国民は少なく、酒好きが多い。国会議員は、昼は会期中でも昼寝をして、夜の宴会だけがまじめ。この国の将来は危うい。どこかの国では、審議拒否して議会を休んでも報酬はもらえる。いいな〜。

メタボくんとスリムくん

　メタボゆえに速く歩けないクズの「メタボ」くんに、後ろからミツバウツギの「スリム」くんがそっと近づいていく。そして、藪から棒に呼びかける。

クズ

ミツバウツギ

> おーい！ メタボくん
> 相変わらずの鈍足だね
> 日が暮れちゃうよ

> なんだ！ スリムくんか
> 藪から棒に話しかけないでよー
> 俺はメタボで首が回りづらい
> から大変なんだよ

やっと振り向いたクズ

> 藪から棒じゃなくて、藪から蛇だよ！
> そして出てきたのはこの俺様だ
> どうだいメタボくん
> スリムでかっこいいだろう？
> （突かなくても藪から出てきた偽蛇）

モミジバフウ（若くない）

　葉柄の基部、そこに見られるいろいろな植物の顔。葉はすぐに枯れるので、落ちてからすぐに拾った葉ほど鮮明な顔が見られる。左のモミジバフウは若くなく、すでに後期高齢者になっている。やがて日数を重ね、末期高齢者になっていく。医者のいない植物社会で、医療保険は？

葉っぱの痕は、こんな顔

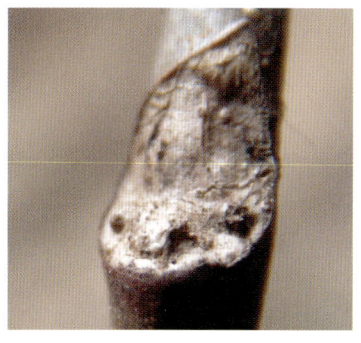

スダジイ

　常緑樹の葉痕探しは難しい。上のスダジイの葉痕（顔）は同じ日に撮影したものだが、いつ葉が枝から落ちたかについては定かでない。上の写真は枝こそ違えど、同じ木の兄弟たちである。こんなに顔が違うのは珍しい。

　スダジイは葉も少し変わっている。水平枝を上から見ると、葉は枝を中心に左右に出ているが、形は主脈を中心にして対称になっていない。枝に近い方が幅広く、外側は狭くなっている。そんなに極端ではないが、変わった木である。

ニワトコ【接骨木】
タマアジサイ【玉紫陽花】

　ニワトコの目と口はへこみ、逆にタマアジサイは突き出ている。ニワトコは、ほとんどどれも似たような顔をしているが、タマアジサイの方は変化に富んでいる。

顔の表情もさることながら、茎の表皮や冬芽などを含めて見るようにすればいっそう面白くなる。

DATA

スダジイ・シイノキ・イタジイ
【ブナ科　シイ属】
常緑高木で、高さ30メートルほど。葉の裏は銀・黒褐色をしており、成長すると樹皮にたての切れ目が入る。

ニワトコ（接骨木）
【スイカズラ科　ニワトコ属】
山野のやや湿った場所で出合える落葉低木。枝葉には悪臭があるが、薬用や魔よけにも使われ、正月の飾りの材料にもなっている。

タマアジサイ（玉紫陽花）
【アジサイ科　アジサイ属】
山地や丘陵地、沢沿いの林縁に生えている落葉低木。高さは2メートルを超え、葉は暗緑色で大きく、両面に毛がある。

サンショウは顔も小粒が多い

サンショウ【山椒】

イヌザンショウ【犬山椒】

フユザンショウ【冬山椒】

カラスザンショウ【烏山椒】

　ミカン科の仲間は、刺のあるものが多い。中でもサンショウの仲間は、刺に特徴があって面白い。刺だけでもその特徴を知れば、それぞれが区別できる。次にミカン科の仲間は、におうものが多い。上記の4種のうち、イヌザンショウを除いた3種はよくにおう。

　山椒は小粒でピリリと辛いとよく言われる。特に、鰻料理には欠かせない存在になっている。

　イヌザンショウは、葉がサンショウによく似ている。葉で区別することは難しく、におわず刺が対になっていなければ、限りなくイヌザンショウに近い。フユザンショウは葉柄に翼があるので、他との区別が容易である。

　カラスザンショウは、老木が倒れて日当たりが良くなってくるとすぐに芽を出す。幼木では葉痕が見られるが、花や実は見えない。高木なので花や実には手が届かないが、実は房ごと山道などに落ちている。拾って顔を近づけると、これもよくにおう。

　カラスザンショウの葉痕（顔）は幼木が多いのでよく見かけるが、他の3種については、茎が細く見つけにくいのでルーペが必需品となる。

DATA

サンショウ（山椒）　【ミカン科　サンショウ属】
山野の林の中や林縁で見られる落葉低木で、古来から香辛料や薬用として使われてきた。雌雄異株で、多数の黄緑色の小花が咲く。

イヌザンショウ（犬山椒）
ミカン科の落葉低木で山野に自生している。サンショウに似ており、全体に毛がなく少し臭気がある。

フユザンショウ（冬山椒）
常緑低木で雌雄別株。サンショウの中で、冬でも葉を落とさないのでこの名前になった。淡黄緑色の小さな花をつける。

カラスザンショウ（烏山椒）
落葉樹で高さは6～15メートルまである。葉はとても大きく、80センチほどにもなる複葉である。

やっぱりそれなりの顔

ヌスビトハギ【盗人萩】

指名手配中の顔

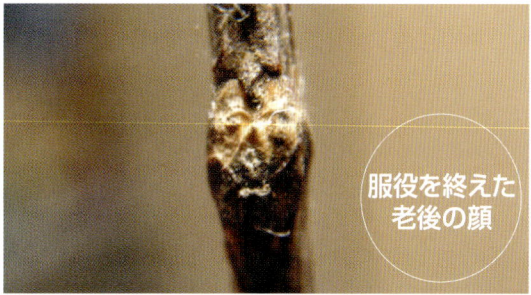
服役を終えた老後の顔

マルバヌスビトハギ【丸葉盗人萩】

子どもに変相

老後の顔

　ヌスビトハギ、名前が面白い。花はいい色をしている。実が盗人の抜き足、差し足、忍び足の足跡に似ていることからこの名前になったらしい。そこで、どんな顔をしているのか探してみた。草なので探しにくかったが、やはりそれなりの顔をしている。

フジカンゾウ【藤甘草】

子どもの顔

大人の顔（出所直後）

　ヌスビトの名前こそついてないが、仲間のボス的存在である。ドロボー社会には法律がない。稼いだお金で、20歳を過ぎなくても酒を飲む。酒焼けした顔にちょび髭が目立つ。牢獄では酒が飲めない。だから、出所後に思い切り飲んで赤ら顔に……。

DATA

ヌスビトハギ（盗人萩）
【マメ科　ヌスビトハギ属】
山地や林縁に生えている多年草。

マルバヌスビトハギ（丸葉盗人萩）
高さは60〜120センチほど。淡紅色の花が咲く。

フジカンゾウ（藤甘草）
山の木陰に生息し、ヌスビトハギとは違い、豆果が大きい。高さは50〜120センチほど。

さまざまな顔

クズ【葛】	ウメ【梅】	ヤマボウシ【山帽子】	ナナカマド【七竈】

あどけない少女、その髪型がまた可愛い。これを見て幼かりし昔を懐かしむ人も少なくなかろう。振り返っても戻れない。でも、誰にでも幼い頃はあったのだ。

ハナミズキに似た花を咲かせる。帽子にしてはちょっと変かな？ 一方、7回くべてもまだ燃え残るというナナカマド、可愛い眉毛までついている。

コナラ【小楢】	シラカバ【白樺】	ニワトコ【接骨木】	ヤマブキ【山吹】

ニキビの取れない若者と、焼酎焼けした老人。人生の始まりとその末路。これが標準的人生？ いやだね〜。こうなる前に、野外でこんな顔を探して楽しもう！

接骨木とは、ニワトコの枝や幹が骨折や捻挫などに効くからとか。山吹の冬芽の冠がとても重たそうである。でも、これが身分（王様？）の証である。我慢我慢……。

DATA

クズ（葛）→P6

ウメ（梅）【バラ科　サクラ属】
中国原産の落葉小高木で、薬木として渡来した。小枝は細長く緑色で、葉は楕円形または卵形をしている。

コナラ（木楢）【ブナ科　コナラ属】
山野に生えている雌雄同株の落葉高木。高さは15〜20メートル。樹皮は灰褐色で、不規則な割れ目がある。

シラカバ・シラカンバ（白樺）
【カバノキ科　カバノキ属】
落葉樹の一種で、樹皮が白いことからこの名前に。小枝は、はじめ暗紫褐色だが薄くはげて白色になる。雌雄同株で、雄花は長枝の先から垂れ下がっている。

ヤマボウシ（山帽子）【ミズキ科　ヤマボウシ属】
高さ5〜10メートルの落葉高木で、「山法師」とも書く。秋になる果実は食用になり、黄色やオレンジ色の実はマンゴーのように甘い。

ナナカマド（七竈）【バラ科　ナナカマド属】
山地の日当たりの良い場所に生えている落葉小高木。高さは6〜10メートルほどで、樹皮は暗褐色をしている。

ニワトコ（接骨木）→P9

ヤマブキ（山吹）【バラ科　ヤマブキ属】
山地の林縁に生える落葉低木で、茎は細く柔らかい。短い枝の先端に鮮やかな黄色の花が1個ずつ咲く。

こんな楓、どんな風？

写真B
托葉
新芽
写真A

フウ【楓】

　楓と書いて、カエデの仲間ではない。葉もカエデに似ているのに…。

　高木なので、とても写真Aのような葉痕（顔）写真は撮れないものと思っていた。ところが、根元近くから小さい枝が出ていて、そこに葉痕が見つかった。葉痕の写真を撮り終えると、今度は相手の葉が気になる。

　多くの落ち葉の中には、Bのような比較的新しいものがあった。Aと対をなすものではないが、耳のように見える托葉まで残っていた。数多い落ち葉の中でも托葉が残っているのは少ないが、拾い集めてそれぞれを撮影すれば、面白い写真集ができあがる。

　托葉は、ヤブガラシやタチツボスミレなどの葉柄の基部に見られるように、形や大きさに変化が多い。フウの托葉もその長さや幅、そして基部からの距離など一定していない。葉柄それぞれに個性がある。

枝についた葉柄を見ると、2本の托葉がしっかり枝を抱きかかえているように見えるものもある。弱々しいながらも、葉が落ちないようにしているようでもあり、基部だけを見ると母親にしがみつく幼児のようでもある。こんな風（楓）にフウを見ると、他の植物にないものが見えてきて面白い。

　ところで、カエデ科に属さないフウをなぜ楓と書くのか、辞書によるとカエデ科のカエデは「槭樹」。昔の文字も残してほしい。

D・A・T・A
フウ（楓）【マンサク科　フウ属】
高さ20メートルほどの落葉高木で、雌雄同株。葉は手のひら状に3裂しており、縁に鋸歯がある。秋に褐色で刺のある球状の集合果が熟す。

葉っぱ虫？の楓太郎

マルバノホロシ

ヤブコウジ

　マルバノホロシやヤブコウジが赤く熟して目立つ頃、フウ（楓）は落ち葉の季節を迎えている。拾い集めて葉柄の基部を見ると托葉が目につく。これと併せて維管束痕を見ると虫のように見えるから、ルーペ持参で見てみよう。そこに面白い擬似昆虫の世界が広がる。拾い集めた葉のすべてに托葉はないが、すべての葉に顔はある。

なびく耳の楓太郎

長耳の楓太郎

カタツムリの楓太郎

片目隠しの楓太郎（ウインク？）

D・A・T・A

マルバノホロシ【ナス科　ナス属】
山地の林縁などで見られる多年草で、茎はつる状に長く伸びて広がる。花は淡紫色で5裂に広がり、液果は11月頃に赤く熟す。

ヤブコウジ（藪柑子）【ヤブコウジ科　ヤブコウジ属】
林下に生息している小低木。夏に白や淡いピンク色の花を葉の根元から下向きに咲かせる。縁起物として「十両（じゅうりょう）」とも呼ばれる。

2.シモバシラ編(氷の華)

　高尾の冬、シモバシラを見るためにツアーに参加する人たちは大勢いる。カメラマンも押し寄せる。
　氷の華(シモノハナ)と呼ばれる芸術品を作り上げるシモバシラという植物は芽生えが早く、6月頃になると他を圧倒する勢いで群生する。そして、氷の華ができる12月中頃までは、茎が青々としている。葉の落ちる11月頃まで光合成を行い、養分を蓄える。
　この有り余るエネルギーが枯れ死寸前になっても地上へ水分を送り続けているのかもしれない。

初期の氷の華 ―串団子に似たものも―

まるで串団子のよう

典型的なシモバシラ（2005/12/16）

　水や養分の通路を維管束と呼ぶ。その中で根から水を吸い上げ、枝葉へ送る水路は導管と呼ばれる。導管は、茎の表面近くを取り巻いている。茎が枯れその表面が弱ると、導管は水圧に耐え切れなくなり、わずかながら水漏れするようになる。それが徐々に凍り、その凍るスピードや風、引力などの影響を受けていろいろな形のシモバシラができあがる。

　では、串団子に似たシモバシラはどうしてできあがったのだろうか。茎を見るとまだ青さが残っているが、シモバシラは節のところにできている。節には葉痕があり、導管がむき出しになっている。ここに水漏れが生じ、凍ったものと思われる。

　右の写真は、初期に見られる典型的なシモバシラである。勢いよく上部にまで達するが、変化に乏しい。刈り取られた茎はそのショックで割れることもあり、そこにできるシモバシラは変化に富んだものが多い。

D・A・T・A

シモ（霜）

冬期の晴天で無風の夜など、放射冷却によって冷やされた大気中の水蒸気が、地面や地物の表面に昇華してできた針状の氷の結晶。

勢いは積雪を貫く

シモバシラ【霜柱】

　シモバシラの花は、山頂をとりまく5号路から陣馬山方面までいたるところで見られる。氷の華ができるのは北斜面が多いので、花の時期に場所を覚えておくとよい。たまに淡紫色の花も見られる。芽生えが早く6月頃になると、一面を覆う場所も多い。

シモバシラの花

雪を突きぬけ、高くそびえる「氷の華」

　雪が降った翌日は、晴れる日が多い。右の写真は幸運にも天候に恵まれ、積雪を突き抜け高くそびえる氷の華に出合えた。

　木漏れ日を受けて、水平の筋がはっきり見える。主茎を中心にして、左側の氷は力強く表皮を押しのけている。それにしても、この力強いエネルギーはどこに秘められているのだろうか？　その秘密は、多年草独特の根にありそうだ。地上の茎は、枯れたように見えても根は力強く生きている。だから、無駄でも水は茎へ送り続けられているのではないだろうか。それを毛細管現象が後押ししているのかもしれない。

D・A・T・A

シモバシラ（霜柱）【シソ科　シモバシラ属】
山の林内に生息している多年草。茎の高さは50〜70センチで、四角形になっておりやや硬い。茎に氷の結晶ができるので、「シモバシラ」の名になった。

コブシの花のそっくりさん

コブシに似ているシモノハナ
【氷の華】 2007/2/4

コブシの花【辛夷、拳】

　2006〜7年にかけての暖冬は、高尾山のシモバシラを不作にした。でも、たまに寒い日もあり探し歩くと、なんとか様になるものもあった。写真のシモバシラに出合ったとき、思わず「やったー」と心が踊った。

　写真を撮ったのは午後1時半頃、すでに花びららしく見える氷片が落ちていた。ちょっぴり悔しいがこれも花らしく見えていいようにも思える。でも、いくら花らしく見えても、花にはなれない悲しさがある。残念ながらオシベやメシベが備わっていない。でも、花のない冬に華になれた。

　写真のシモバシラを見ると、2日目にしてようやく花の形になったことが分かる。左端の氷片は、2枚の花びらがつながっていて、その真ん中に少しへこみがある。その右側が1日目の作品、左側が2日目の作品である。このようにシモバシラは寒い日が続いて溶けなければ、それに追加されて大きくなっていく。写真は1日目の方が気温は低く、2日目は1日目の溶け残った分の大きさと同じくらい生長した。だからバランスの取れた花の形になれたのだろう。

　このように条件が整えば、いろんな形の造形物が期待できる。それをいかに探すかが問題である。下の写真はコブシの花だが、シモバシラは本物には勝てない。

DATA
コブシ（辛夷・拳）【モクレン科　モクレン属】
落葉広葉樹の高木で、早春に白い花を梢いっぱいに咲かせる。花のつぼみを乾燥させたものを「辛夷（しんい）」といい、生薬のひとつ。

不思議な形 三態

川の流れに身を任せ

オタマジャクシ

誰かの手により、くちばしが形作られていた白鳥

　ときに複雑な形を見せてくれるシモバシラ。1番上の写真のように、川の流れに逆らわずあたかも川の中を泳いでいるような形や、左のオタマジャクシのような形、そして右の今にも飛び立ちそうな3羽の白鳥。

　いずれも自然が意識して作り上げるものではないが、それぞれの形から白鳥は1日にしてなり、オタマジャクシは3日がかり、川の流れ…は数日を要してできあがっている。生まれる環境が自らを形作る自然の不思議が、ここにある。

まるで羽毛と綿菓子

柔らかそうな羽

　いずれも南斜面のシモバシラ。いつもの場所は残雪で見られない。そこで、もしかして雪の溶けた南斜面で見られるのではと思い、出かけてみた。

　南斜面でも太陽のない夜の温度は、他の場所とほとんど同じである。そこで見たシモバシラは、その先端が細い毛や羽、綿菓子のように見えるものが多い。南斜面では例え木漏れ日でも陽があたるので、その影響は多少なりともシモバシラにも及ぶ。いずれの写真も撮影したのは午前11時頃で、シモバシラの厚さは均一ではない。周囲の温度は一定である。一様に溶けると薄い部分は先に消え、厚い部分は残る。だから先端は細毛のようになるのかもしれない。

ふわふわの綿菓子

演出する光と影

氷の華を浮き彫りにする光と影。シモバシラは短命で、やがて溶けて水に戻り、大気や大地へと消えていく。しかし、自然が3日かけて作り上げた芸術は、写真となりその姿を留める。

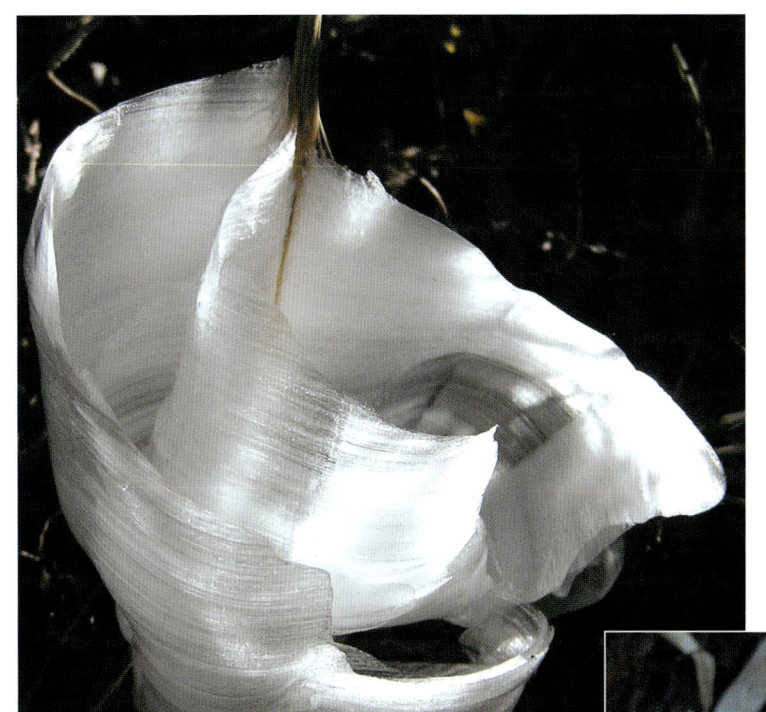

鋭角に曲がるコーナーの右側は、1日目の作品である。1日目は風によって変形し、2日目は無風でまっすぐに伸びた？　のかもしれない。

残念ながら、できあがるプロセスを見られない。こうして写真でじっくり眺めていても、イメージすら浮上してこない。どうしてカールになるのかな？

まさに匠の技

金魚とおもちゃ（追いかける金魚）

　最も寒い最盛期には、いろいろな形のものが見られる。上の写真はおもちゃに夢中になっている金魚を思わせる。追いかけているようにも見える。どうしてこんな形になるのか、不思議な世界である。ビデオカメラを仕掛けておけば謎が解けそうである。でも、どれに仕掛けたらいいのか予想ができないのである。
　似かよった下2枚の写真、いずれも薄い氷である。特に左の写真は、宮大工などの匠の技から生じる、薄い薄い鉋屑（かんなくず）を思わせる。

ガラスの翼

　午前11時頃になってくると、周囲の気温が上がり氷の華は溶けはじめる。気温の変化がゆっくりなので、急激に溶けるわけではない。写真のように、ガラスを思わせる先端部分に水滴は見られない。でも、薄い水の膜ができているからガラスの翼に見えるのかもしれない。

　最初に水があって、冷やされて氷になる。次に暖かくなって溶けて水に戻り、地に落ちることなく蒸気になって、大気に散っていく。この過程で見られる工芸品のひとこまは、やがて溶け去り再び同じ姿を見せることはない。同じ氷の華でも、先に見た人、後から見た人、そしてちょうどいいタイミングで見られた人、それぞれ同じ姿は見ていないはずだ。氷の華は時間の経過と共にゆっくりと変化している。先端部の近くに縦に筋が見えるが、これも2日がかりの作品であることが分かる。

　写真にしてゆっくり見ていると、昨日はどんな形をしていたのだろう、明日はどんな形になるだろうと想像するようになる。そんなイメージを描きながら他の氷の華を見ると、また違った楽しみが生まれる。同じ氷の華でも、上から、横から、前後から…いろいろ角度を変えて見ると、それなりの形をとらえることができる。木漏れ日を受ける氷の華もひときわ引き立って見える。氷の華の見られる期間は1ヵ月以上におよぶ。厳寒の季節ではあるが、初期から後期まで足しげく通えばそれなりの成果は期待できる。

羽ばたく親鳥と雛

親鳥が羽ばたいていくよう

少し小さめだが、まるで雛鳥

　時には、大きくはないが数多くのシモバシラが見られることがあり、探し回ればいろんな形を見ることができる。たまたま、羽ばたく親鳥と雛鳥のような形のシモバシラを撮ることができた。

　雛鳥の方はヨチヨチ歩きでまだぎこちないが、親鳥の方は大きく羽ばたき、まさに飛（氷）翔のようである。親鳥のシモバシラを見ると、枯れても衰えない茎の勢いを感じ取ることができる。シモバシラは多年草である。5月頃の芽生えから晩秋まで力強く光合成を営み、根には有り余るほどのエネルギーが蓄えられている。葉は枯れ落ちても急激に衰えを見せない茎に、根は吸い上げた水を送り続ける。だから条件の良いところでは、シモバシラは大きく形成される。

　一方雛鳥を見ると、形としては弱々しさを感じるが、茎が割れ、折れ曲がった一部の表皮にもシモバシラが見られる。茎が分裂しても、水は送り続けられている。ここにもシモバシラの力強さを感じ取れる。

どっちが表かわかるかな？

　2枚の写真は、同一被写体のシモバシラを表と裏から撮影したものである。最盛期であるため、勢いが良く放射冷却による条件も良かったので、一夜にして大きくできあがっていた。太陽に透かしてみるのも一興である。

乙姫の髪飾りと船首なきヨット

乙姫の髪飾り

船首なきヨット

　シモバシラの探索は、大きさよりも形にこだわった方が面白い。広範囲で見られるときは、落ち葉の下なども根気よく探せばいろんな形のものが見つかることがある。さまざまな環境下で、できあがるシモバシラ。写真にして、その成長過程をじっくり考えるのも面白い。

　例えば、左上の写真のシモバシラは、乙姫の髪飾りのようだ。茎の先端が切断されているため水圧が高くてもこれ以上は上がれず、この位置から四方に水があふれ出てしまった。凍りはじめは温度が高めなので、氷結しても少し柔らかさが残るから風の影響で曲がってしまった。下側の先端部はそれをうかがわせる。ある程度氷が大きくなると重くなって、引力の影響を受けるようになり、下方へ伸びたものと思われる。いずれにせよこの形は、水量、氷結温度、引力、風力などが相和してできあがった芸術だと言えそうだ。

　因みに、氷結温度がもう少し低かったらどんな形になっていただろうか。固まるスピードが速いので、温度が低ければ低いほど水平方向に伸びて、四方に広がった形になっていたのではないだろうか。

　右下の写真も一夜にしてできたもの。帆は風をはらみ勢いのあるヨットのように見えるが、残念ながら船首が欠けている。角度を変えて撮ればもっとヨットらしく見えたかもしれない。それにしても、帆柱ははじめから曲がっていたのかな？

3.百花繚乱 (花の世界)

　たまに、奥多摩や中央線沿線の山に出かけるが、高尾に咲く花の種類の多さは群を抜いている。初春から晩秋にかけて、花のリレーは途切れることがない。はじめは歩くだけの高尾、回を重ねると人々との語らいが生まれ、自然と花の話題になる。
　ここが花の世界の入口、高尾病の初期症状だ。やがて花に追いかけられ、花を追うようになる。これが立派な慢性高尾病。難病だが、これは知らず知らずのうちに足腰が丈夫になる、良い病気である。

ウスアカノイバラ

福は連なる

フクジュソウ【福寿草】

　山陰に雪が残っている時期、真っ先に咲くのがフクジュソウである。ほとんどの花が上向きの中、1輪だけ横向きに咲いていた。山のふもとの近くで、斜面に咲く群落の一部を撮ることができた。金色に輝く花は、まさしく福寿草の名がふさわしい。

フクジュソウ【福寿草】

レンプクソウ【連福草】

レンプクソウ【連福草】

　レンプクソウは、花軸の先端に5つの花（上に1つ、前後左右に1つずつ）を咲かせることから、別名を五輪花と呼ばれている。オリンピック花とも呼びたくなる花である。

　さて、花の本名レンプクソウだが、たまたま花の根がフクジュソウにからまっていたことによるらしい。花は小さく色は保護色のようで、場所が分かっていても探しにくい。高尾で見られるレンプクソウは、川の近くが多い。現住所が川の近くだから、毎日がせせらぎを聞きながらの生活であるようだ。

DATA

フクジュソウ（福寿草）
【キンポウゲ科　フクジュソウ属】
山地の林内に生えている多年草。春一番に咲き、花弁が多数ある。花が黄金色に輝いているので、めでたい花とされている。

レンプクソウ（連福草）
【レンプクソウ科　レンプクソウ属】
林内の湿った場所に生息している多年草。

花の誕生！ ―目覚めが早いアズマイチゲ―

鴨のくちばし

乙女の恥じらい？

川辺の学園の生徒のような花たち

アズマイチゲ【東一華】

　春告げ花のひとつ。温度センサーを持っているのか分からないが、暖かい日が続くと春の目覚めが早い。

　このことは、花にとって裏目に出ることもある。目覚めが早すぎると遅霜により出鼻をくじかれ、咲くに咲けず泣き寝入りの蕾もたまに見られる。

　写真を見ていくと、左上の蕾は鴨のくちばしに似ているが、幼いながらも葉が蕾を保護している。幼いときから優しさを身につけているようだ。

　右上の花は半開きで、葉も開いていない。汚れなき乙女の恥じらいを思わせ、この時期の花が最も清楚な感じがする。

　下は川辺に群がるアズマイチゲ。花は1週間くらい咲き続けるが、全体としての寿命はあまりにもはかない。

D・A・T・A
アズマイチゲ（東一華）
【キンポウゲ科　イチリンソウ属】
山地の落葉樹林の縁などで見られる。白い花に見えるものは萼で、花びらではない。茎の高さは15～20センチほど。

表情を変える、ハナネコノメ

2007/3/4

2007/4/1
（小下沢）

2007/4/15
（小下沢）

ハナネコノメ【花猫の目】

　6号路、蛇滝、日影沢、小下沢などの高尾山のふもと周辺で見られるハナネコノメ。早春の高尾で最も人気のある花のひとつである。見頃はなんといっても、咲きはじめの葯（オシベ）が赤いときだ。

　時期を逃すとただの白い花。でも、他の花も次から次へと咲いてくる。スミレ、ヤマルリソウなど、そんな花たちを見るついでに、ハナネコノメを再度訪れてみると、数は少ないが紅色に変化したものに出合うこともある。赤い葯はすでに姿を消し、実が目立つ。またひとつ全体に様変わりして、色づいたハナネコノメに出合えて得をした気分になる。

DATA
ハナネコノメ（花猫の目）
【ユキノシタ科　ネコノメソウ属】
山地の縁や川原に生えている。花期には全体が同時に咲くので、花は2週間くらいで終わってしまう。

仲間いろいろ、ネコノメソウ

ネコノメソウ

　アカネスミレ、タカオスミレ、そしてタチツボスミレなどが咲く同じ斜面に、地面を這うように咲いていた。名前の由来は、果実の形が猫の目に似ていることによるらしい。ヤマネコノメやツルネコノメの実は、よく似ていて区別が難しいが、本当に猫の目に似ている。

ツルネコノメソウ

　沢沿いというよりも、沢の中の少し高い場所で岩の上や大きな石の間に生えている。豪雨でもない限り流されるような心配はなさそうである。花後は、蔓の名がつく割には伸びないようだ。

イワボタンとヨゴレネコノメ

　たまたまイワボタンとヨゴレネコノメが並んで生えていた。似かよったものがこのように並んでくれると、識別に苦労しなくてすむ。ツーショットはいい。

ネコノメソウ

ツルネコノメ

イワボタン　　　ヨゴレネコノメ

D・A・T・A

ネコノメソウ（猫の目草）
【ユキノシタ科　ネコノメソウ属】
山地の湿った場所で見られる多年草。葉は広卵形〜楕円形で、葉茎は対生してつく。

ツルネコノメ（蔓猫の目）
ネコノメソウは茎の葉が対生だが、この種類は互生している。

イワボタン（岩牡丹）
低山の沢沿いや、暗い湿地に生息している多年草。茎は紫色を帯びており、無毛・円柱形で高さ5〜20センチまである。

ヨゴレネコノメ（汚れ猫の目）
山地の谷間などの湿った場所に生息している多年草で、7〜15センチほど。花弁はなく、萼片は暗紫褐色〜淡緑色をしている。

下手な鉄砲数撃ちゃ当たる

初期

中期
（最盛期）

後期（メシベの花）

DATA
フサザクラ（房桜）
【フサザクラ科　フサザクラ属】
落葉高木で、褐色〜暗褐色の樹皮が桜の木に似ていることから「サクラ」とついた。花弁がなく、暗紅色の葯が10本以上垂れ下がっている。

フサザクラ【房桜】

　花弁もなければ萼もない。花糸にぶら下がった葯のみ。初期段階では色が鮮やかだが花糸はまだ短く、様になっていない。風媒花なので目立つ必要もないのに、なぜ鮮やかな色で目立とうとしているのだろうか。

　花期が短いので、存在感を強調しているのかもしれない。長期間咲いて昆虫たちを待つ必要がないからだ。問題はいかにタイミングよく花粉を飛ばし、効率よく受粉まで漕ぎ着けるかなので、多くの花粉を飛ばす必要がある。虫媒花では、花粉は葯の表面につくので昆虫の体などについて運ばれる。だが、風媒花ではどこに的（雌花）があるのか分からず、大量の花粉を用意しなくてはならない。

　葯の中には、小麦粉大の花粉が用意されているが、雨に濡れたのでは遠くへ飛ばない。花粉は葯の中で防水され、天気が良く風の強い日に葯が開いて飛び散る。

華麗なる「静御前」の舞い姿

ヒトリシズカ
フタリシズカ

　ヒトリシズカは、一本立ちが名前にふさわしい。でも実際は種がまとまって落ちるため、10本前後の集団をよく見かける。ヒトリシズカは静御前の舞い姿とも言われ、フタリシズカは静御前とその亡霊とも言われているようだ。でも、鎌倉幕府の設立（1192年）から、すでに800年以上経過している。いつまでも成仏できない亡霊のままではかわいそうだ。

　歴史を否定するつもりはないが、このへんで楽しい日々に戻してあげたい。だから、ヒトリシズカは静御前の一人舞台であり、華麗なる舞い姿を連想する。フタリシズカは静御前と義経の二人舞台であり、歴史を忘れての楽しいひとときである。

　以前からそうだが、ヒトリシズカより遅れて咲くフタリシズカは花の数が多く、大勢シズカになったものが多い。これは、義経と静御前を慕って集まった弁慶たちなどの仲間が、わいわい騒いでいるのかもしれない。先人たちがつけた名前のおかげで、歴史が語り継がれる。

ヒトリシズカ

フタリシズカ（Shall we dance?）

大勢シズカ？

DATA

ヒトリシズカ
【センリョウ科　チャラン属】
山地や林内で自生している。花穂が1本であること、源義経の妾・静御前のような優雅な佇まいから、この名がついた。白い花穂は、花びらや萼ではなくおしべ。

フタリシズカ
山地の林内や縁に生え、高さ40センチほどの茎の先に花穂を数本つけている。

葉っぱなのか、花なのか

半緑化の花（写真A）

緑化した花（写真B）

葉化した花（写真C）

ミドリニリンソウ【緑二輪草】

　札幌の藻岩山で最初に発見されたらしい。高尾でも、2006〜7年頃から話題になりだした。花は葉が変化してできたものらしい。すると、ニリンソウは進化して究極に達したのだろうか。やたらと個体数が多いので、数の限界をさとりこれ以上の増殖を止めようとしているのかもしれない。そして、原点に復帰しようとしているように思われる。

　写真を上から見ていくと、変化の流れが分かる。A、Bではシベの数が普通の白いニリンソウと同じくらいで、花弁のような萼片も色の違いだけでそんなに変わらない。しかしCでは、萼片はすでに花葉に変化している。そして、シベの数も少なくなり、花としての機能も低下しているように思われる。いずれの株も本来2輪目になるべき蕾すら出ていない。これらは、先祖返りの兆候かもしれない。

咲きはじめのニリンソウ

D·A·T·A

ミドリニリンソウ（緑二輪草）
【キンポウゲ科　イチリンソウ属】
山地の林内や林縁に自生する。白色の花を咲かせ、萼片が緑色になる。ひとつの茎に花を2個咲かせるためこの名がついたが、1個や3個の場合もある。

継続は力なり

エンレイソウ【延齢草】
ミヤマエンレイソウ【深山延齢草】

　高尾での花期は4月下旬から5月のはじめ頃、林床に生える。花は小さく目立たなくても、葉が大きいので遠くからでも目につく。花が咲くまで11年くらいかかると聞いたことがある。そのためか、花の近くに幼苗を多く見かける。両者は、花の形や色で容易に区別できる。

　共通するところは、大きい3枚の葉である。なぜこんなに大きい葉が必要なのだろうか。植物は、自分で自分の現住所を選べない。4月も下旬になれば日照時間はかなり長いが、林床は日当たりが良くない。だから木漏れ日であれ、乱反射によるわずかな光であれ、これを光合成に生かすしかない。また、強風により上部を覆う木立の枝葉が揺れ幸運な日差しがあったときなど、葉を大きくしておけばそれをとらえることができるから、とも考えられる。

　日影の身ながら10年以上かけて少しずつ貯金し、投資して立派な花実を作り上げる。そこに子孫という大きな配当（宝物）がついてくる。まさしく、継続は力なのである。変わった花を見ると、なぜなぜ心が湧いてくる。シベの形から見ると、受粉が終わり雄花になってから紅花になるようだ。

エンレイソウ

ミヤマエンレイソウ

花弁の色は白から薄紅へ変化

D・A・T・A

エンレイソウ（延齢草）
【ユリ科　エンレイソウ属】
山地の木陰に生息し、根茎を乾燥させたものは胃腸薬になる。高さは20～40センチで、1本の茎から3枚の葉が平らに広がる。

ミヤマエンレイソウ（深山延齢草）
エンレイソウよりも深い山に生えることから、この呼び名がついた。

アリさん、アリがとう

2007/4/1

カタクリ【片栗】

　今年も咲いてくれるかどうか心配しながら訪れてみると、やっと1本見つかった。昨年は数本咲いていたのに…。花は実生より8年くらいかかってやっと咲く。こんな花だから、生誕の地でずっと育ってほしい。

　カタクリの花は、花茎を曲げて下向きに咲く。写真は前日はうつむいて開いていなかったので、1日経って開いたばかりの花である。花茎もまだ低く、紫のオシベも無傷のまま長く伸びている。日が経つにつれオシベは虫たちに傷つけられ、徐々に短くなっていく。キバナノアマナやハナネコノメなどもそうだが、花の新鮮さはオシベを見れば分かるようだ。

> もののふの　八十娘らが汲み乱ふ
> 　寺井の上の　堅香子の花　（大伴家持）

　万葉集にも詠まれているカタクリだが、種子の散布は蟻にお任せのようだ。スミレと同じように、種子には糖やアミノ酸などを含むエライオソームがついており、蟻が好んで巣に持ち帰って、エライオソーム以外の種子は巣の近くに捨ててくれるらしい。

　アリさん、アリがとう。

D·A·T·A　**カタクリ（片栗）【ユリ科　カタクリ属】**
山地や丘陵地に生えている多年草。赤紫色の花と長楕円形の葉に紫や白い斑点があるのが特徴。花の基部には紫褐色の模様がある。

コンロンソウの仲間たち

マルバコンロンソウ【丸葉崑崙草】

タネツケバナ属の植物は、花弁が4枚で真上から見ると十字形をしている。マルバコンロンソウは名前のごとく葉が丸く早く咲くので、他の仲間と区別しやすい。

ヒロハコンロンソウ【広葉崑崙草】

この仲間では一番の大型で、沢沿いに多く群生しているため、開花していなくても場所探しはできる。花数が多く下から順次咲いていくので花期が長いが、撮影するには初期の花が良い。

ミツバコンロンソウ【三葉崑崙草】

マルバ、ヒロハのコンロンソウが沢沿いの湿った場所に生えているのに対し、この花は林床の日陰に咲いていた。小型で個体数も少なく、しかも花期が短い。撮影のときはすでに遅く、花数の多い株は絵にならなかった。

マルバコンロンソウ　2007/4/16

ヒロハコンロンソウ　2007/4/22

ミツバコンロンソウ　2007/4/28

DATA

マルバコンロンソウ（丸葉崑崙草）
【アブラナ科　タネツケバナ属】
山地の湿った場所で見られる2年草。高さは10〜20センチで、葉は円形〜広卵形をしている。

ヒロハコンロンソウ（広葉崑崙草）
山地の湿った場所に生えており、高さは30〜50センチ。高尾では川辺で多く見かける。

ミツバコンロンソウ（三葉崑崙草）
山地の林内で生息しており、他のコンロンソウよりも小さく、高さは10センチほどしかない。

おや？ チョッと変だぞ

花弁のバランスが悪いワダソウ　2006/4/15

バランスの良いワダソウ　2006/4/22

ワダソウ【和田草】

　写真を整理していたら、わずか1週間の差だが、2枚の写真に形の違いがあることに気がついた。

　上の花では、花弁の形のバランスが良くないように思う。5枚の花弁の形がそれぞれ違う。スタートの合図を待ちきれなくて呼吸も整わないうちに咲き、落ち着きのない花になってしまったようだ。花の世界でも、早とちりがあるのかもしれない。

　シベの変化の様子から、成熟度は上の方が高いように思われる。にもかかわらず葉の成長は遅れ、さらに花弁と花弁の間の萼片すら見られないのはなぜだろう？

　下の花は、すべての花弁が桜の花に似てバランス良く開き、葉も大きく広がっている。ほとんど同じ場所に咲きながら、1週間でこんなにも生長の変化が見られるのは、物事にはそれなりに準備期間が必要であることを示唆しているようだ。

　しかし、ワダソウは多年草である。年数の違いに起因しているのかもしれない。

D・A・T・A
ワダソウ（和田草）
【ナデシコ科　ワチガイソウ属】
山地の林縁に生えている多年草で、長野県の和田峠で見つかったことからこの名前がついた。白色の5弁花を上向きに咲かせる。

三者三様、エンゴサク

ジロボウエンゴサク【次郎坊延胡索】

昔、子どもたちがスミレを太郎坊、この花を次郎坊と呼び、両方の突き出た距同士を絡ませ、引っ張って遊んだことが名前の由来になっている。
花の大きさは、ヤマエンゴサクよりかなり小さい。

ヤマエンゴサク【山延胡索】

写真では花がかなり地上より飛び出した感じがするが、多くは花が重たくやっと立ち上がっているようだ。短期決戦なので、花以外の余計な投資はしていないのだろう。

ササバエンゴサク【笹葉延胡索】

エンゴサクの仲間にしては葉の形が変わっている。細長く、笹の葉によく似ている。こんな変わった花に出合えるから、知らないうちにはまってしまうのだ。

D·A·T·A

ジロボウエンゴサク（次郎坊延胡索）
【ケシ科　キケマン属】
林の中や川岸などで見られる多年草で、和名が「太郎坊」のスミレに対して「次郎坊」に。茎の高さは17センチほどで、丸い塊茎は鎮痛剤として使われていた。

ヤマエンゴサク（山延胡索）
・ササバエンゴサク（笹葉延胡索）
林下や川辺に生えている多年草。葉が笹に似たものを「ササバエンゴサク」と呼ぶ。

ひとりじめか？ 恥じらいか？

ムラサキマムシグサ【紫蝮草】
ミミガタテンナンショウ【耳型天南星】

　ミミガタテンナンショウやウラシマソウ、それに少し遅れて開花するこれらのテンナンショウ属の仲間は、花弁の代わりに仏炎包があり、その中でオシベやメシベを雨水などから保護している。

　その仏炎包のつき方には決まりがないのか、着物に例えるならば雌雄に関係なく左合わせ、右合わせと勝手気ままな合わせ方をしている。

　ミミガタテンナンショウは若いときに雄花を咲かせ、年を重ね根茎が大きくなると雌花を咲かせる。まず貯金して、生活が安定してから子どもを育てるようにしている。この仲間は似たような子育てをしているのかもしれないが、ウラシマソウは幼い苗には花が咲いていないので、何年かたって根茎（イモ）が大きくなってから咲かせるものと思われる。この仲間は雌雄別株で、おおむね大きい株には雌花が咲き、若くて小さい株には雄花が咲くようだ。

　ところで、仏炎包の外から雄花か雌花かを見分ける方法がある。

　ミミガタテンナンショウは、仏炎包が葉の上に大きく突き出ていて見やすいので、その仏炎包の基部を見ると、その合わせ目に虫が外に出るときの抜け穴があるかどうかで分かる。抜け穴がある方が雄花で、塞がって穴がないのが雌花である。雄花は花粉のついた虫が外に出て雌花にたどりついてもらおうと虫を逃がし、雌花では花粉をひとりじめしたいので出口を塞いでいる。出られない虫はそこで最期を迎える。

　さらにもうひとつの理由がある。それは、女だから着物の裾を捲るような、はしたない真似はできないのだ。見ないで！

ムラサキマムシグサ

ミミガタテンナンショウ

虫の運命はこの抜け穴で決まる

DATA

ムラサキマムシグサ（紫蝮草）
【サトイモ科　テンナンショウ属】

平地や山野の林縁、林下に生えている雌雄異株の多年草。仏炎苞は暗紫色で長さは5センチほど、縁はやや反り返っている。

ミミガタテンナンショウ（耳型天南星）

林下などに生息しており、仏炎苞の筒口部が耳たぶ状に広がることから「耳型」の名がついた。黒紫・紫褐色・または黄褐色で白い筋が目立っている。

花の分散

葉よりも花が先に飛び出した、せっかちな花？

雌花

雄花

2分散の花

3分散の花

ハナイカダ【花筏】

　ハナイカダには、雄木と雌木がある。雌木には普通1個の雌花が咲く（たまに2個）。そして、雄木には葉の中心に10個前後の雄花が咲く。でも、注意深くハナイカダの花を見て歩くと、例外にぶち当たることがある。

　勢いのある花では、不思議な光景を目にすることがある。例えば、イチリンソウの2輪咲き、ニリンソウの3輪咲きなど…肥沃な土地で発生すると言われている。それと同じ現象かどうか分からないが、たまたま見つけたハナイカダ、茎から葉より先に飛び出す花（葉は十分に生長していない）や、葉の上2〜3箇所に分散して咲く雄花が見られた。勢い余って咲いたのかもしれないが、分散によるメリットはあるのだろうか？

　リスクの分散も考えられる。落下物による破壊なども分散しておけば、どれかが助かる確率は高くなる。1箇所に集約するより、分散した方が全体として花が大きく見えて虫寄せ効果が大きい。そして何より、訪花した虫たちの喧嘩が少なくなる。争うことなく安心して蜜が吸えるのではないだろうか。

　でも花柄が細く基部が弱いので、花は弱々しく見える。虫の力で壊れてしまいそう。

> **DATA**　ハナイカダ（花筏）【ミズキ科　ハナイカダ属】
> 山地に生えている高さ2メートルほどの落葉低木。葉は互生し、長楕円形をしている。7〜9月頃に、暗紫色の果実をつける。

ルリ花三種

ヤマルリソウ【山瑠璃草】

　場所により開花時期が違うので、写真を撮り損なっても安心できる花のひとつである。6号路や日影沢、小下沢など見られる場所は多く、花の色は白やピンクなどがたまに見られる。

サワルリソウ【沢瑠璃草】

　名前にルリがつくと、瑠璃色の花を想像する。しかし、必ずしもそうでないのが花の世界。サワルリソウも例外ではなく、白花などもある。写真の花も、蕾がわずかに色づいているが、開花したのは白である。色で花は決められない。

オオルリソウ【大瑠璃草】

　なんとも不思議な花である。同じ高尾でも、北高尾では5月の終わり頃に花が咲いている。しかし、高尾林道では7～9月にかけてたまに見られることがある。気まぐれな花のようだ。

DATA

ヤマルリソウ（山瑠璃草）
【ムラサキ科　ルリソウ属】
山地の林縁などに生息している。「ルリソウ」よりも花の色は薄く、淡い青紫色をしている。茎は7～20センチほどで、全草に白い毛がある。

サワルリソウ（沢瑠璃草）
【ムラサキ科　サワルリソウ属】
山地の木陰に生えている多年草で、茎の高さは50～80センチ。葉は長楕円形で、長さは10～20センチほど。花は筒状鐘形をしており、青紫～白色。

オオルリソウ（大瑠璃草）
【ムラサキ科　オオルリソウ属】
山地に生えている2年草。茎に下向きの短い毛があり、薄い青紫色の直径4ミリほどの小さな花をつける。

仲良し葉っぱ兄弟

A：怒りの葉？ 　　B：これが標準？ 　　C：メタボ気味の葉

イカリソウ【碇草】

　名前の由来は、花の形が船の碇に似ているからと言われている。他の花に比べて形が変わっているが、葉にも特徴がある。

　A、B、Cいずれも3小葉で、頂葉だけがまともな形をしているが、他の2側葉はお互いに遠慮して（譲り合い？）重なり合わないようにしている。個々の形を犠牲にしても全体としてのバランスを重視しているように思われる。このことは、個性を発揮してぶつかり合うよりも、日照を重視して互いに日陰を作らないようにしているのかもしれない。

　いたずらに固体を大きくして日陰を作る無駄を避け、スリムにして効率の良い光合成を優先したものと思われる。

D・A・T・A　**イカリソウ（碇草）【メギ科　イカリソウ属】**
山地の木陰に生息している。神経衰弱・健忘症・強壮強精の薬用効果があるという説も。

黄門様の紋所

開花初期 　　　　　開花中期

フタバアオイ【双葉葵】

　徳川家の紋として有名。タマノカンアオイとカンアオイの花は地上すれすれに咲き、落ち葉などに隠れて見えない場合が多いが、この花は茎が2つの葉柄に分かれる位置から花柄を出して咲く。花は初期、中期、後期と姿を変えていく。初期の花は初々しくて清楚な感じがするが、この状態は長続きしないので比較的見る機会が少ない。上部の萼片は外側に反り返る。

フタバアオイ

カンアオイ【寒葵】

　ギフチョウの食草として知られている。花の形はどれも同じで個性に乏しいが、花期が長い（初秋から早春）。他の花と違って冬に咲き、落ち葉などに埋もれて目立たないため存在すら注意してみないと分からない。常緑なので花以外は年中多くの場所で見られ、斑入りのものも割と多く見られる。

カンアオイ（別名：関東寒葵）

DATA

フタバアオイ（双葉葵）
【ウマノスズクサ科　カンアオイ属】
山地の林下で見られる夏緑多年草で、茎の先端に葉を2枚対生するのでこの名がついた。徳川家の家紋は、この花が元になっている。

カンアオイ（寒葵）
山地の林下に生息している、常緑多年草。冬でも枯れず、葉の形が「アオイ」の葉に似ているため「寒葵」の名がついた。

カンアオイの花

個性それぞれ、百花百態

タマノカンアオイ【多摩の寒葵】

　花の色も形も一定していない。まるで冬の風物詩「シモバシラ」のようにそれぞれ形が違い、どれが基本形なのか分からない。でも、それぞれ個性があって面白い。

　名前の由来は、最初に多摩丘陵で発見されたことによる。花のほとんどが土に埋もれ、落ち葉などにも覆われて咲くので目立たない。

タマノカンアオイの葉

いじめにあったのかな？

双子でも似ていない

三つ子だって似ていない

孤独ながら親分の風格

ひとりっ子

D・A・T・A
タマノカンアオイ（多摩の寒葵）
丘陵の林内に生えている常緑の多年草。個体数が減り、絶滅危惧種に指定されている。

渡辺綱物語
わたなべのつな

ラショウモンカズラ【羅生門葛】

　どの図鑑でも、ラショウモンカズラの名前の由来に登場するのが渡辺綱である。羅生門といえば、芥川龍之介の小説にも登場する。
　物語の中で鬼（茨城童子）の腕を渡辺綱が名刀「髭切りの太刀」で切り落とし、その腕と花の形がよく似ているので、花の名前がラショウモンカズラになったとされている。渡辺綱は平安中期の武将である。ラショウモンカズラの以前の名前が知りたいところである。
　道路脇で見られ、比較的低い場所を好むようだ。高尾では他に似たような花がないので、覚えやすい花のひとつである。ところで、渡辺綱とは、どんな人物であったのだろうか？

> **渡辺綱（９５３〜１０２５）**
> 　**本名：源　綱**
> 　平安中期の武将で、妖怪や土蜘蛛退治で名を馳せた源頼光の四天王の筆頭。大江山の酒呑童子退治などでも有名な、妖怪退治のプロフェッショナル。他の3人は坂田金時、碓井貞光それに卜部季武である。

　渡辺綱の鬼退治だが、羅生門からの帰り道、一条戻り橋で突然何者かに襲われ、いきなり兜をつかまれた説と、同じ一条戻り橋で美女に化けた鬼に「闇夜が怖いから家まで送ってほしい」と頼まれて馬に乗せたのだが、背後から襲われ、正体を現した鬼の腕を髭剃りの太刀で切り落とした、という説などがあるようだ。
　それにしても、花の形を見て切り落とされた鬼の腕と結びつけ、その地名に因む名前をつける発想は面白い。

D･A･T･A
ラショウモンカズラ（羅生門葛）
【シソ科　ラショウモンカズラ属】
山地の林内で見られる多年草。葉は対生して卵心形をし、粗い鋸歯がある。萼は筒状で先は浅く、5裂している。

浦島伝説

ウラシマソウ【浦島草】

　なんとも変わった花である。付属体の先端が糸状に伸びて、釣り糸を垂らしているように見える。これがウラシマソウの名前の由来になっている。

　　むかしむかしうらしまは　助けた亀に…

と子どもの頃教えられた。

　しかしよく調べてみると、名前の由来になっている浦島太郎の他に、浦島子が存在している。

　伊根町の浦島伝説によると、浦島子は浦島太郎とは反対に、いいとこのお坊ちゃまで美青年だったらしい。三日三晩何も釣れず、やっと釣り上げたのが5色の亀一匹。その亀は、浦島子がうたたねしている間に美女に変身？　その美女（亀姫）に一目惚れしたのが浦島子（島子と言っても男子）。一方の亀姫、相手が美青年ときているから、これまた一目惚れ。意気投合した2人は亀姫の住む蓬莱山（とこよ）へ手に手を取って（狭い船の中では不可能？）向かうことになる。浦島太郎の行った先は海の中の龍宮城である。

　2つの物語は正反対である。しかし元は同一物語、同一人物のようでもある。物語発祥から現世に伝わる過程で変化したと思われるが、ここが伝説の面白いところだ。それに、亀をめぐる話も助けた亀と釣り上げた亀との違いがあり、伝説の元をたどれば物語発祥の謎が見えてくるかもしれない。

> **D・A・T・A**　**ウラシマソウ（浦島草）【サトイモ科　テンナンショウ属】**
> サトイモ科の多年草で、平地や低山の木陰に生息している。釣り糸のように伸びた花軸の先は、長さ50センチほどもある。

ヤマブキソウ三花

ヤマブキソウ【山吹草】
セリバヤマブキソウ【芹葉山吹草】

　3回訪れて、ツーショットの写真がやっと撮れた。曇り空なら閉じ気味、晴れた空なら開き過ぎ、だから半日陰をねらう。

　だが、これだけで十分ではなく、花のバランスも大切である。開花日が同じでないとバランスがとれない。バランスが良くても、老けた花では絵にならないし、花数が限られているから、幸運にも恵まれなければならない。

セリバヤマブキソウ（左）と
ヤマブキソウ（右）のツーショット

ホソバヤマブキソウ【細葉山吹草】

　ホソバヤマブキソウは、数年前に咲いたことがある。帰りにもう1回写真を撮ろうと思って訪れてみると、連れ去られた後だった。今回もまた同じ運命にさらされたようだ。誰かがカットして持ち去ったらしい。数少ない花は、高尾では市民権が得られないようだ。多年草でも寿命はあり、結実しなければ子孫が残らない。子孫なしでは絶えるしかない。数年ぶりに咲いたのは、何かを訴えるためなのか。

　多くても少なくても、大切にしたいものである。

ホソバヤマブキソウ

D.A.T.A

ヤマブキソウ（山吹草）
【ケシ科　クサノオウ属】
林縁や林下に生えている多年草。茎を傷つけると出る黄色い汁は毒性がある。大きく鮮やかな黄色の花をつける。

セリバヤマブキソウ（芹葉山吹草）
山野の林内に生えている多年草。高さは30〜40センチほど。葉は広卵形や楕円形で先がとがっており、細かい鋸歯と切れ込みがある。

ホソバヤマブキソウ（細葉山吹草）
高さは30〜50センチで、上部の葉腋から花柄を出し、鮮やかな山吹色の花を1〜2個つける。

花びらの中、かくれんぼ

真上からでないと見えないシベ

花は1株に1個しか咲かない

ヤマシャクヤク【山芍薬】

　葉の上に、少しだけ頭を出して咲く白い花。大型の割には花が1個だけと少ない。横から見ると白い花弁に隠れてシベは見えないが、上から見ると花弁の隙間からひときわ鮮やかなシベが見られる。

　ヤマシャクヤクの花期は短い。蕾を見つけて開花は1週間後くらいだろうと思っていると、2日後くらいで開花してしまう。カメラマン泣かせの花のひとつかもしれない。上の写真のシベも、やがて虫たちが訪れて踏み散らすに違いない。そして、花弁が散る頃にはオシベは無残な姿になり、メシベは発達して実となる。

> D・A・T・A　**ヤマシャクヤク（山芍薬）【ボタン科　ボタン属】**
> 山地で生息している多年草で、高さは30～40センチほど。ボタン科でボタン属の花は、「ベニバナヤマシャクヤク」との2種類のみ。

オニグルミの晴れ舞台

2006/4/15

雌花

オニグルミ【鬼胡桃】

　高尾には、オニグルミの木が多い。でもほとんどが高木なので写真にしづらい。たまたま枝の垂れ下がったものがあったので撮影できた。

　オニグルミの葉痕は変化があって面白い。9月頃になると、裏高尾の沢沿いのコースではオニグルミの葉が落ち始める。葉柄の基部を見ると、そこには枝にできる顔と反対側の顔を見ることができる。枝にできる顔は枝が枯れない限り長期間見ることができるが、葉柄の顔はすぐに枯れてしまうので黒ずんだりして見づらくなる。

　オニグルミの葉が落ちはじめる9月頃、写真のような枝にできる顔は、新芽が出る4月になってもまだはっきりしている。2枚の写真は同一樹木のものではないが、上が雄花で下が雌花、いずれも枝の先端に見られる。上の雄花は風に揺れ、その衝撃で花粉が飛び散るように下に垂れ下がり、下の雌花は花粉をしっかり受け止められるような形になっている。でも、柔らかい枝の先端だから、風が吹けば揺れやすい。あっちにふわりこっちにふわり、それに伴い葉も長い穂状の雄花も、先端に立つ雌花もふわ～り、ふわ～り、オニグルミは空中を舞台にして踊りまくる。

D・A・T・A　オニグルミ（鬼胡桃）【クルミ科　クルミ属】
山野の川沿いに生えている。落葉高木。高さは25メートルにもなる。1本の木に雄花と雌花をつける雌雄同株。葉は大型で、裏に多数の毛がある。

チゴユリのかかあ天下

チゴユリ

ホウチャクチゴユリ

ホウチャクソウ

かかあ天下になったチゴユリ

チゴユリ【稚児百合】
ホウチャクソウ【宝鐸草】

　チゴユリとホウチャクソウの交雑種に、ホウチャクチゴユリがある。ヘテロシス（雑種強勢）と呼ばれ、互いの強いところが現れる。花はチゴユリ、母体はホウチャクソウに似ている。

　さてこの組み合わせ、チゴユリを妻、ホウチャクソウを夫とするとチゴユリが先に咲くので、明らかに姉様女房であろう。そして確実にかかあ天下になる。なぜなら、その後のチゴユリの生態を追跡すれば分かる。

　チゴユリの咲きはじめは、角を隠すため頭を垂れている。雄性先熟で雄花が終わり雨から花粉を護る必要がなくなると、急に頭を上げて雌花になり、角丸出しになる。そして受粉体勢になる。このことは同時にかかあ天下宣言！　をしているようなものだ。この体勢は、次に実ができたとき鳥たちに実の在りどころを報せるのに都合が良いのである。実になってからでは重く、持ち上げるのに余分なエネルギーを必要とするからだ。軽いうちに持ち上げるのは、賢い方法である。

　これに対して、ホウチャクソウは積極的な動きは見られず、生涯自然体である。花の開きも控えめで、ただぶら下がっているだけだ。こんな両親のもとで育ったホウチャクチゴユリ、その性質が気になる。

DATA

チゴユリ（稚児百合）【ユリ科　チゴユリ属】
丘陵の林内や縁に生息し、しばしば密集して群落をつくる。白色のユリを小さくしたような花が下向きに咲いている。

ホウチャクソウ（宝鐸草）
寺院などの軒先にぶら下がっている風鈴、「ほうちゃく」に似ていることからこの名に。筒状に見えるが6枚の花びらからわかれている。

ホウチャクチゴユリ（宝鐸稚児百合）
ホウチャクソウとチゴユリの交雑種で、ホウチャクソウよりも大きい。高尾山で発見され、他ではまだ見つかっていない。

香りを放つ大輪の花

ホオノキ【朴の木】

　5月になると、高尾山では一番大きい花、ホオノキの花が咲き出す。6号路や日影沢方面でよく見られるが、いずれも高木なので近くで見られない。でも、一丁平では低い位置に咲いているので観察するのには都合が良く、最盛期には芳香が漂ってくる。この花も場所によって花期が多少ずれるので、かなりの期間見ることができる。

　開花の1日目は雌花で、その夜一旦閉じて、2日目からは雄花として開花し、その後2～3回開閉を繰り返して散っていく。このようにして自花受粉は避けているのだが、同株では多くの花が咲くので、雄花もあれば雌花もある。この同株での受粉対策はどのようになっているのだろうか。興味深いところだ。

　1本のホオノキを見ていると、蕾から花期を終えた花が下から上の方まで枝先に多く見られる。なにしろ花が大きくて芳香が漂うため多くのハイカーの目にとまる。手で触れる位置に花があるので、素通りできなくなる。誰だって近くで見たくなるのは自然かもしれない。

　また、葉も大きいので、飛騨高山などではホオバ味噌やホオバ焼きの材料に用いられている。

D・A・T・A　ホオノキ（朴の木）【モクレン科　モクレン属】
山地や丘陵地の林内に生えている落葉高木で、葉も花も大きく、葉は20～40センチにもなる。

己を知る

ジャケツイバラ【蛇結茨】

主芽
副芽
副副芽

　マメ科の植物で、枝には鋭い刺がある。琵琶滝コース（6号路）で、沢側の斜面に多く咲いている。同じマメ科の植物でも藤の花などは垂れ下がるが、この花は上向きに咲き遠くからでもよく目立つため、多くの昆虫たちが訪れるものと思われる。受粉率も高いのか、大きくなったサヤが茶褐色になり、秋空に高く残っているのがよく目立つ。

　枝には主芽の他に副芽、副副芽…とあり、災害への備えがいいように思う。なぜ、こんな備えが必要なのだろうか。

　北高尾などでは比較的近くで見られるので注意してみると、枯れ枝が多い。堅く強そうに見えるのだが、この堅さが災いして風などの衝撃をまともに受けて枯れていくように思う。生き延びるためには、柳に風のような柔軟性が必要なのかもしれない。藤などは花を吊り下げて咲かせるのであまりエネルギーを必要としないが、ジャケツイバラは花も実も上向きなので、余計なエネルギーが必要になる。このことも枯れ死の原因になっているのだろう。だから、生命の維持のために主芽、副芽…と備え、どれかが生き延びる工夫をしているのではないか。

　花や実を高く掲げることは、虫や鳥たちにとってはありがたいことかもしれないが、材にとっては負担が大きい。このように弱い己を知っているからこそ、副芽などの備えをしているように思う。

D・A・T・A　ジャケツイバラ（蛇結茨）【マメ科　ジャケツイバラ属】
山地の河原や川岸、林縁などの日当たりの良い場所に生える落葉つる性植物。つる状に伸び鋭い刺があり、多数の黄金色の美しい花を長い穂につける。

花が優先、タチガシワ

タチガシワ【立柏】

2006/4/16

2006/12/31

　芽出ししてしばらくの間は、腐生植物のように葉緑素がないように見える。3枚の写真は同一被写体ではないが、3週間くらい過ぎると右上の写真のように大きく成長し、光合成ができるようになる。葉緑素を帯びるようになり、他の植物と同じ色に変化していく。

　この植物の特徴は、他と違って花を優先させていることだ。満足な体形に生長しなくても、早く育った蕾から花を咲かせていく。蕾の数が多いので、かなり長期間花を咲かせることになり、全体としての受粉効率を高める努力はしているようだ。

　右下の写真は、やっと見られた種子の旅立ちを待つ姿である。この植物は、花を先行させ多く咲かせるが、その割には実が見られない。写真は他の種子は旅立ち、最後に残った1個である。サヤは必死に引き止めているみたいだ。

DATA　タチガシワ（立柏）【ガガイモ科　カモメヅル属】
湿った山地の林内に生えている多年草。高さは30〜50センチで、葉は広卵形で対生している。

弱さを護る？

ハリエンジュ【針槐】

葉痕

　各地で見られるが、高尾では小仏バス停から景信山へ向かう途中に多く見られる。花の数が多いので、遠くからでもよく目立つ。花はそのまま天ぷらにして食べてもおいしい。形をよく見ると、受け皿のようになっていてその中にシベがある。虫たちにとっては、落ち着いて蜜が吸える花かもしれない。

　ハリエンジュの花が咲く小枝には、多くの刺がある。托葉が変化してできたものらしいが、この刺には重要な働きがあるような気がする。刺は間隔が狭く、あらゆる方向に突き出ている。花の数が多く蜜が多い（？）ので、鳥に狙われたらたまったものではない。受粉をうながすには、虫たちに働いてもらう必要がある。

　虫たちの天敵は鳥たちだ。刺は天敵を寄せつけず、虫たちに安心して働いてもらうための場を提供している。鳥たちにとっては踏み込んだら地獄だが、虫たちにとっては安心安全の場所であり、しかも、食事までついた極楽にいるようなものだ。

　葉痕を見ると、鳥たちを睨みつけているようにも見える。

D・A・T・A　ハリエンジュ（針槐）・ニセアカシア【マメ科　ハリエンジュ属】
丘陵地や山地で見られる落葉高木。高さは15〜20メートル、樹皮は淡褐色で網状に割れ目がある。花は垂れ下がって咲き、良い香りが漂う。

55

鳴らない鈴が生っている

テイカカズラ【定家葛】

　藤原定家の墓に生えていたからとか、式子内親王に恋心を抱いた定家が、内親王の死後もカズラになってそのお墓にまで絡んだからとか、名前の由来は定か（定家）でないようだ。

　花数が多い場所では芳香が漂っている。風散布で発芽率がいいのか林床で多く見られる。林床をさまよい手ごろな樹木を探しているうちは葉も小さくおとなしいが、樹木に絡み樹上まで大きく伸びるとずうずうしくなって、葉も大きくなり寄主を覆い隠すようになる。多くの気根を出して樹表をはい上がるので、その気根で寄主から水分を補っているように思われる。山中で倒木を見ると、多くの場合テイカカズラが絡んでいる。

> 庇（ひさし）を貸して母屋を取られる

　さて、下の写真は虫とテイカカズラの共同制作による、鳴らない鈴である。虫こぶと呼ばれるもので、虫が卵を産みつけることにより植物が反応してできる。正常な種子と比較して、いかに変わった形になっているかが分かる。

花

正常な種子

虫こぶ

DATA
テイカカズラ（定家葛）
【キョウチクトウ科　テイカカズラ属】
山野の温暖な場所に自生する、つる性の低木。小枝は無毛または有毛で、葉は対生し長楕円形もしくは倒披針形をしている。

小さい美女たち

イナモリソウ【稲森草】

名前の由来は、三重県の稲森山で最初に発見されたことによる。高尾では数箇所で見られるが、場所により花の色がわずかではあるが異なる。普通は道端などで見られる。雨の後では葉に泥がついているが、写真のイナモリソウは少し山に入ったところに咲いていたので、きれいなものが撮れた。

フイリイナモリソウ【斑入稲森草】

葉脈ははっきりしないが、葉に斑が入っている。高尾山で最初に発見された花のひとつとされているが、咲く場所は多くないようだ。個体数の割には花の数は少なく、花が咲くまでは年数が必要？

ホシザキイナモリソウ【星咲稲森草】

この花も高尾山で最初に発見された花のひとつ。花弁の数が普通は5個だが、一定していない。花はイナモリソウのように大きく開かないので、真上からみると星のように見える。

イナモリソウ

フイリイナモリソウ

ホシザキイナモリソウ

DATA

イナモリソウ（稲森草）
【アカネ科　イナモリソウ属】
山地のやや湿った木陰に生えている、軟らかい多年草。葉は卵形で先がとがっており、毛が散在している。

フイリイナモリソウ（斑入稲森草）
イナモリソウの中でも、葉に淡色模様が入るものを「フイリイナモリソウ」と呼ぶ。高尾山で自生する中には、白い斑点が入っているものもある。

ホシザキイナモリソウ（星咲稲森草）
花の形が星のように見えるので、この名前がついた。

梅雨対策は万全

ウメガサソウ【梅笠草】

　梅雨時で高温多湿、汗を拭き拭きようやく山稜にたどりつく。でも、登ってきた甲斐があった。コース脇に咲き、迎えてくれたのはウメガサソウ一家。花はうつむき加減、これはもちろん梅雨対策であるが、歓迎のお辞儀をしてくれているようで、清々しい気分になる。花はこの姿勢では疲れてしまうので、実がなったら頭を上げていく。

イチヤクソウ【一薬草】

　ウメガサソウより少し遅れて開花する。写真を見ると花はすべて下向きに咲いている。これも、オシベを護るための梅雨対策と思われる。でもこれで万全ではない。イチヤクソウにもそれなりの知恵がある。ウメガサソウもそうだが、花粉をむき出しにしないで、葯の中に隠し、必要に応じて押し出しているようだ。少ない花粉を無駄のないようにしている。でも、葯の中の花粉を開花中にすべて出し切るのだろうか。疑問は残るがこれはあくまでも植物の知恵である。アイデアはすばらしいが、完璧でないところに親しみがわいてくるのはなぜだろうか。

DATA

ウメガサソウ（梅笠草）
【イチヤクソウ科　ウメガサソウ属】

低地の林中に生えている、常緑多年草。葉は長楕円形や披針形で、鋸歯がある。茎の先1センチほどの白い花は、下向きに咲いている。

イチヤクソウ（一薬草）
【イチヤクソウ科　イチヤクソウ属】

「イチヤクソウ」とは、薬草として優れているという意味。低山の林中に生えている、常緑多年草。

潜水艦そして、帆掛け舟

花

フナバラソウ【舟腹草】

　花が咲く頃は、他の雑草も生い茂っている。咲く場所を覚えておかないと探しにくい。他の仲間のように、花はガガイモ科らしい形をしている。花の数はその株の大きさ（栄養状態？）によって決まるようだ。

　名前の由来だが、袋果の形からきているらしい。裂開前の袋果はそのまま水平にすれば、潜望鏡なき潜水艦に見える。

　裂開した袋果は、種毛が白いので帆掛け舟にも見える。いずれも船腹に似ている。

　ところで、高尾ではキジョランをはじめタチガシワやカモメヅルなど、ガガイモ科の仲間がよく見られる。受精率が良くないのか、花の数の割には実が少ない気がする。タチガシワなどは実がなっても成熟するまでに見られなくなるものも多い。

　でも、心配は不要だ。種子の数が多く、多年草なので種の存続に問題はなさそうである。

袋果（裂開前）

裂開した袋果

DATA
フナバラソウ（舟腹草）
【ガガイモ科　カモメヅル属】
高さ40～80センチの多年草。葉は卵形～楕円形をしており、上部の葉腋に濃紫褐色の花をつける。

眩しいよー

スズサイコ【鈴柴胡】

　天邪鬼とでも言うのだろうか、変わった咲き方をする。とにかく太陽光が嫌いなようで、天気の良い日中は、だんまりを決め込む。曇りや雨の日は機嫌よく開いてくれるので、撮影するにはこの花と付き合うしかない。天気の良い日は早朝か夕方でないと開花した写真が撮れない。

　名前の由来は、蕾が鈴に、全容がセリ科のミシマサイコに似ていることによるらしい。

　この写真を撮るために朝早く出かけた。でも現地到着7時頃、すでにアウト。仕方なく周辺を一回りして夕方まで待つことにした。すると天候が怪しくなり、15時を過ぎた頃小雨になった。ちょっと言葉に違和感はあるが、ラッキーである。待った甲斐があった。しばらくして花は全開、シャッターも全開である。

　右下の写真で、開花しているのは中段の花序だけで下段の花序は花後の姿、最上段の花序は蕾である。この時期は虫も多いので、花は下から咲いていく。

　眩しさに負けた……だから太陽はイヤよ。

D・A・T・A　スズサイコ（鈴柴胡）【ガガイモ科　カモメヅル属】
丘陵や日当たりの良い草地で見られる、高さ40〜100センチほどの多年草。

花の命は短くて…

トモエソウ【巴草】

　撮影できたのは何年ぶりだろうか。花は大きくて、なかなかの美貌の持ち主である。それなのに撮影のチャンスを与えてくれない。美人薄命、その言葉がこの花にも当てはまりそうだ。

　トモエソウは1日花なので、まだ蕾だからといってゆっくりしていられない。蕾の大きさが1センチ程度になったら、かなり高い確率で翌日開花と思っていい。チャンスを逃したら、また1年待ちである。数少ない花の撮影は厳しいものがある。

　名前の由来だが、写真を見れば一目瞭然で、花弁がねじれて花全体が巴状になっているからと言われる。でも、この花も気まぐれなのだろうか、下の写真を見ると花弁のねじれ方向が違う。花を見ると、オシベの数がやたらと多い。これは短期間に確実な受粉・受精の達成を目指しているからだろう。

D・A・T・A　トモエソウ（巴草）【オトギリソウ科　オトギリソウ属】
　山地の日当たりの良い地に分布している多年草。高さは50〜130センチほど。花は4〜6センチと大きく、花弁は5個あり、ねじれる方向は一定していない。

避暑地暮らしのイワタバコ

イワタバコ【岩煙草】

　夏の真っ盛りに咲く花で、身近な場所では琵琶滝と蛇滝付近で見られる。特に蛇滝では石垣に生えているので、写真にするにも観察するにも都合がいい。名前の由来は、大きい葉が煙草の葉に似ているからと言われている。湿気が多く、日陰の岩場を好むので、名前のごとく岩に張りついている。そして沢辺では水しぶきを浴びて、頭を垂れているのもよく見かける。

> 山ぢさの　白露重み　うらぶれて
> 　心も深く　我が恋やまず　　（作者不詳）

　山ぢさとは、エゴノキ、アブラチャン…などとする説もあるが、それにも増してイワタバコ説も根強い。写真の花は、沢の水しぶきを浴びてまさに白露重みのような状態である。イワタバコ説を裏付ける写真が撮れたような気がする。

　時期を同じくする花に山の上ではオオバギボウシやヤマユリなどがあるが、イワタバコだけは水多きふもとの滝の近くで、真夏とはいえ、毎日が避暑の涼しい生活を送っている。

D・A・T・A

イワタバコ（岩煙草）【イワタバコ科　イワタバコ属】
夏緑多年草で、山地の湿った岩上に生息している。花茎は10～30センチで、基部に10～30センチほどの大きな葉がついている。

居候そのもの

2006/9/23

ナンバンギセル【南蛮煙管】

　ススキ（オバナ）などの下に寄生する。桃山時代に南蛮人がタバコを吸うのに用いた煙管に似ているのが、名前の由来になっている。変わった形の花だが、働かずして食している。葉がない、だから葉たらかない（働かない）。光合成もしないので、ススキの中の日陰で涼しい顔をしている。その姿、形から万葉集では思草の名で登場している。本来怠け者で、食事他すべてを寄主から無断（？）でいただいている。

　先祖代々から居候のDNAが受け継がれているので、こんな楽チン生活から抜け出せそうもない。

> 道のべの　尾花が下の　思草
> 　今さらになど　物か思わむ

　居候　3杯目は　そっと出し…。居候だから少しは遠慮しているのかもしれない。あるいは思草だから物思いにふけりすぎ、恋の病で食欲がないのか、花茎はスリムである。全草を煎じて飲めば強壮や消炎などの働きがあるらしい。寄主にとって、この居候は何か役立っているのだろうか。

D・A・T・A　**ナンバンギセル（南蛮煙管）・オモイグサ**【ハマウツボ科　ナンバンギセル属】
葉緑体をもたないので、ススキやショウガの根に寄生して養分を補っている1年草。低山地の草地に生えており、筒形の大きな赤紫色の花をつける。

じいじとばあば

ツルニンジン（別名：ジイソブ）2007/9/1

バアソブ　2007/8/11

ジイソブ【爺蕎】
バアソブ【婆蕎】

　花も葉もそっくりなのである。ではどこで見分けるのか。まず、大きさの違いである。ジイソブの直径は約3センチ、バアソブの直径は約2センチである。同じ場所で見られればすぐに判別できるのだが…。では色で見分けられるのかというと、そうもいかない。咲く場所により色が違うようだ。

　最後に、花期ではどうだろう。バアソブは影信山より陣馬山方面に多く、7月末頃から見られる。これに対し、ジイソブはあまり多くないが城山や一丁平など高尾寄りに9月はじめ頃より見られる。だから、花期と場所によりある程度の見分けはつくかもしれない。

　では、どうしてバアソブの方が早く開花するのだろうか。ばあさんは早起きして朝ごはんの仕度をしなくてはならないからかな？

DATA

ジイソブ（爺蕎）・ツルニンジン（蔓人参）
【キキョウ科　ツルニンジン属】

低い山地や丘陵の林縁に生えている。朝鮮人参に似ていることからこの名前に。葉は長楕円形で、裏面は粉白色を帯びている。

バアソブ（婆蕎）

山地の草地や林縁で出合える、つる性の多年草。花の斑点模様がおばあさんのソバカスに見えることから「バアソブ」に。ジイソブとは違い、葉の下面と縁に白い短毛がある。

たかーい、たかーい、タカアザミ

タカアザミ【高薊】

　高尾は不思議な場所である。毎年、何種類かの植物との初対面がある。ますます固定観念が邪魔になる。これを捨てることができれば、新しい発見の可能性はますます増えてくるだろう。

　今日も、まさかの新物にぶつかった。タカアザミである。図鑑での分布域は長野以北とある。南限ぎりぎり？　なのかもしれない。

　樹木が伐採され日当たりが良くなると、これまで眠っていた種子が目を覚ますようだ。植生が変わり、これまで数が少なかった花が急に多くなったり、カラスザンショウなどはここぞとばかりに芽吹いてくる。

　話を戻すと、タカアザミは花首が高く伸びるので「高薊」になったらしい。写真のタカアザミは1メートルくらいだが、条件が良ければ2メートル以上になる。花は、蕾か開花時は花首が曲がっているが、受粉・受精が終わり種子ができると花首を持ち上げ、冠毛をつけた種子を風に托しているようだ。

　これまで高尾のアザミは、アズマヤマアザミ、タイアザミ（トネアザミ）、それにノハラアザミが主流であったが、これにタカアザミが市民権を得れば、高尾の秋は一層賑やかになってくる。花後の変化も楽しみのひとつである。

タカアザミ 2008/9/14

受粉後

曲がる首も
特徴のひとつ

D·A·T·A

タカアザミ（高薊）【キク科　アザミ属】
湿った草地などに生えている2年草。直径2.5センチ～3.5センチほどの、紅紫色の頭花を下向きにつけている。

変化するアザミ？

写真A

写真B

　アザミの群落の中に入ると、変わった花にぶつかることがある。写真AとBは、変化中のアザミだろうか。変化の度合いは、Bの方が大きい。
　クルマアザミは、ノハラアザミが変化したものだといわれている。長い年月をかけてクルマアザミに変化していくのだろうか。AからBへ変わるなら、クルマアザミの誕生も自然のなりゆきのように思える。

　南高尾で仲間に見せてもらった、変わったアザミ。クルマアザミという名前だという。花を取り巻く輪生した葉を見れば、その名前がうなずける。これがノハラアザミの終着の姿になるのだろうか。来年、再来年と、楽しみが尽きることはない。

DATA

クルマアザミ（車薊）
日当たりの良い山地に生えている。「ノハラアザミ」の総苞片が葉状に変化したものとされている。

たまには出てくる変わり者

ヘクソカズラの変種、ツツナガヤイトバナ

ツツナガヤイトバナ

　バスから降り、少し歩き、リュックを降ろしてナンバンハコベの写真を撮る準備をしていた仲間が、道端に少し変わったヘクソカズラを見つけた。お灸の火が大きくなったみたいだ。名前を調べてもらったら、ヘクソカズラの変種でツツナガヤイトバナであるとのこと。またしても変わり者との遭遇である。これだから、高尾は面白い。

DATA

ヘクソカズラ（屁糞蔓）
【アカネ科　ヘクソカズラ属】
丘陵地や山野の林縁、町のフェンスや垣根にも生えている。茎や葉をもむと悪臭がする。

ツツナガヤイトバナ
ヘクソカズラの変種で、花の筒が細長いものをこの名前で呼ぶ。

セイタカトウヒレン（背高唐飛廉）
【キク科　トウヒレン属】
山地の草地で生息している多年草。高さは1メートルほどで、茎に大きなヒレがついている。9〜10月頃、赤紫色の頭花をつける。

セイタカトウヒレン

セイタカトウヒレン

　暑い最中、陣馬山への途中に存在を確認していたが、花の咲く時期が分からない。図鑑などの写真の撮影日はあまり正確ではない。気象条件によって、毎年開花日が違うのが普通だ。観察が許されるのは、土日か休日。予想が的中して写真が撮れた。何とか1年待ちをまぬがれた。

糊口を凌ぐ

花

ツルギキョウ【蔓桔梗】

実（中には小粒の種子が…）

　きれいな花と実がなるのでこの花にふさわしいタイトルにしたかったが、植物を護るためにあえてこのタイトルにした。

　「糊口を凌ぐ」とは、やっと生活するという意味である。多年草ではあるが、生活にゆとりがないので自然に枯れるのを待たず、途中で蔓を切られたりするとその後の光合成ができなくなり、次の年の備えができない。だから自滅への道をたどるしかない。

　過去数箇所で見られたツルギキョウは、すべての場所で心ないハイカーに蔓が切られ持ち去られた。

　結果として、翌年にはある程度の蔓は伸びたが、花実をつけるまでに至らなかった。さらに次の年、蔓は伸びたが前年に及ばず。このようにして3～4年で姿を消していった。雑草のごとき力強さを持ち合わせていないツルギキョウが生き延びるためには、手を加えず、自然のまま生かすことであろうと思われる。写真を撮るときもなるべく自然のまま撮影し、茎や葉などを動かしたときは、撮影後に原状復帰を心がけるべきだろう。

　全国的に稀産種で、もちろん高尾でも稀産。絶滅危惧種の仲間入りをしている。ツルギキョウに限らず、他の花もその美貌がゆえに持ち去られる。美人薄命とよく言われるとおり、きれいな花にはか弱いものが多い。無理やりの転勤？　に耐える花は少ない。

　最後に、花たちは叫ぶ。撮ってもいいから、と（盗、採、取、摘）らないで…。

DATA　ツルギキョウ（蔓桔梗）【キキョウ科　ツルギキョウ属】
林縁や日当たりの良い場所に生息している、つる性の多年草。細い茎を長く伸ばして、他の植物に絡みついて成長する。

オケラって文無し？

オケラ【朮】

花の外側は、魚の小骨のような苞で覆われている。

> 恋しけば　袖も振らむを　武蔵野の
> 　朮（ウケラ）が花の　色に出ゆな（万葉集）

名前の由来は、万葉集に詠まれているウケラがなまったものと言われている。雌雄別株なので、自家受粉の心配はない。京都の八坂神社では、大晦日から元日にかけて朮（おけら）祭りが行われる。朮火が焚かれ、この火を縄に移して振りながら火が消えないように持ち帰り、その火を元に雑煮を炊き、家族全員でこれを食べ、新年を祝う。

ところで、朮とは何か？　広辞苑で調べてみると、おけらの古名とある。ちょっと物足りない。そこで、昆虫のオケラ（螻蛄）を調べてみた。ケラの俗称、無一文のこと、無一文になる…とある。このことはよく知られているが、なぜ螻蛄が無一文なのだろうか。気ままな論をつくるならば、螻蛄はミミズや植物の根を食べている。螻蛄の前足はモグラに似て土に潜るのに適している。この足で田んぼの畦に穴をあけられたらどうなるだろうか。棚田の場合、水圧でその穴がどんどん大きくなり、上の田は水がなくなる。稲は育たず収穫なし、つまり、無一文と同じ？

D・A・T・A

オケラ（朮）【キク科　オケラ属】
山地と日当たりの良い乾いた草地に生息している。上部の葉は柄が短く卵形になっており、縁には刺状の鋸歯がある。

どうするの？ 狐の嫁入り

オシベがメシベを囲み
受粉しないように
している。

オシベが退化して
葯に花粉は
なくなる。

柱頭が2つに割れ
受粉体勢になっている。

リンドウ【竜胆】

リュウノウギク、センブリなどと共に高尾の秋の最後を飾る花ではないだろうか。山頂近辺にも咲き、最初はオシベがメシベを囲み雄花となり、次にオシベが退化してメシベとなる。同花受粉を避けるための工夫がされている。

リンドウの花の開口部は真上を向いている。そして、その構造は全天候型になっている。虫の少ない雨の日などは蕾のように閉じて、雨などからシベを守っている。

でもひとつ気になることがある。晴れているのに雨が降る、狐の嫁入りにはどう対処しているのであろうか？ 狐にだまされて雨のとき開いたままでは、ずぶ濡れだよ。どうするの？

DATA **リンドウ（竜胆）**【リンドウ科　リンドウ属】
山地の草原に見られる、青紫色の花を咲かせる多年草。根茎を漢方として使用し、体質改善や尿道炎などに効果がある。

なぜかきれいに咲いた花たち

フクオウソウ【福王草】

　名前の由来は、三重県の福王山で最初に見つかったことによる。初めて見たのは数年前。それから毎年気にしていたが、まったく見られない年、数本生えたが絵にならない年が多かった。でもなぜか2008年は株数も多く、一斉に咲いてくれたものがあった。

　今までほとんどは、枯れた花や開いた花、蕾などバラバラだったが、珍しく様になる1枚が撮れた気がする。花にはガガンボの一種が訪れている。細い足で支え、口吻で蜜を吸っている。

タカオヒゴタイ【高尾平江帯】

　この花も、いつもは葉が虫に食われ、あまりきれいな全容を見せてくれない。2008年の秋は食害も少なく、花もきれいに咲いてくれた。名前の由来は、高尾で最初に発見されたことによる。他に似た花がないので間違うことはないが、下部の葉がバイオリンに似ているので比較的容易に見分けられる。

　林床の日陰に咲くがあまり目立たないので、道端に咲いていても気づく人は少ない。

DATA

フクオウソウ（福王草）
【キク科　フクオウソウ属】
山地の林下に生えている多年草。全体に腺毛が密生し、紫白色の花はうつむいて咲いている。

タカオヒゴタイ（高尾平江帯）
【キク科　トウヒレン属】
トウヒレンの仲間で、多年草。紅紫色で鐘形の花を咲かせる。

飛べないカモメ

コバノカモメヅル【小葉の鴎蔓】
オオカモメヅル【大鴎蔓】

　名前の由来は定かでない。でも上の写真からなんとなく大空に舞うカモメが連想できる。小さい葉が対をなして、連なって飛んでいるような様が名前の由来になってもおかしくない気がする。

　花の咲く小枝につく葉はより小さく、主茎につく葉は大きいが、オオカモメヅルの葉に比べればはるかに小さい。でも、花の大きさはオオカモメヅルの方が逆に小さい。いずれも、種子のようには飛べない。

コバノカモメヅル（2006/12/2）

オオカモメヅル（2006/12/24）

飛べるカモメ

　紅葉の時期が過ぎると、高尾山も人影が少なくなるが、いろいろ見て回れば楽しみは尽きることがない。

　ガガイモの仲間たちが結実のときをむかえ、弾けて種子たちが風に舞い、旅立っていく姿が見られることもある。話題の主人公はなんといってもキジョランだが、その小型版とも言えるカモメヅルの仲間も見逃せない。

　実が弾け、空が晴れて空気が乾燥してくると、これまで実の中でじっと我慢していた種毛が開いていく。そして外側から順に母体から離れて旅立ちの準備に取りかかる。風がなければ上の写真のように他の草などに寄りかかり、別れを惜しむかのようにして、どちらへ向かうかもしれない風を待っている。

　このようにしてガガイモ科の仲間の種子は、白い毛髪をなびかせながら風に乗って自らの運命を風に托して、旅の空へと消えていく。

　下の写真を見ると、弾けていない実もある。これは、あらゆる方向にテリトリーを広げるための策略とも考えられる。東西南北、風向きは常に変化している。すべての実が同時に弾けると、同じ方向に飛んでしまう。種子の成熟の時期をずらし、旅立ちの時期をずらすことによって風向きが変わり、種子が多方向へ向かう確率は高くなる。

コバノカモメヅル（2006/12/2）
オオカモメヅル（2006/12/24）

DATA

コバノカモメヅル（小葉の鴎蔓）
【ガガイモ科　カメモヅル属】
山麓などに生えている、多年生のつる草。カモメヅルよりも葉が狭いことから、この名前になった。

オオカモメヅル（大鴎蔓）
【ガガイモ科　オオカモメヅル属】
丘陵や山地の林内に生えているつる性の多年草。茎は細長く、細かい毛がある。葉は対生で、長さ1〜3センチの柄がある。

スミレいろいろ

スミレをリレーに例えると、トップランナーがアオイスミレで、アンカーはコミヤマスミレかもしれない。これらのスミレと最初から最後まで併走するのが、タチツボスミレだろう。スミレは似かよったものが多く、見分けが難しい。
人間社会でも、一卵性双生児は見分けが難しい。スミレも同じだが、数多く見ることにより見分けがつくようになる。

アオイスミレ【葵菫】

名前の由来は、葉がフタバアオイの葉に似ていることから。スミレのトップランナーのひとつ。葉もさることながら、花にも特徴があるので他と区別しやすい。

タチツボスミレ【立坪菫】

日当たりの良い場所では、冬でも咲いている。場所を選ばず咲いているようで、いたるところで見られる。花の色は変化が多く、白いものも見られる。

コスミレ【小菫】

草丈が伸びないことからコスミレ（?）になったようだが、他のスミレに比べて小さくない。裏高尾や小下沢などでよく見かけるが、早咲きの一番手グループに入るので、早めの撮影が望ましい。

ヒナスミレ【雛菫】

早咲きスミレのひとつで、花の色がいい。でも日当たりの良い場所では色あせして白っぽいものもたまにある。葉の形に特徴があり覚えやすい。

DATA

アオイスミレ（葵菫）・ヒナブキ
【スミレ科　スミレ属】
丘陵や低山、やや湿った林床に生えている。葉は円形で、咲きはじめの頃は丸まっている。色は白～淡紫色。

コスミレ（小菫）
低地の日当たりの良い場所で見られる、高さ5～10センチの多年草。葉は丸みのある長三角形～長卵形で、表面は白く濁った緑色をしている。

タチツボスミレ（立坪菫）
山地や丘陵地に生息している。花期には茎が30センチほどにもなるため、「立ち上る」の意味とも言われる。花は淡紫色で、中輪から大輪まで多様。

ヒナスミレ（雛菫）
山地の林下に生息する。高さは5～8センチで、小さい花は淡い紅色をしている。葉の先はとがっており、基部がハート形のものが多い。

ナガバノスミレサイシン【長葉の菫細辛】

　木の根の隙間に生えている。蟻はどのようにして種子を運んだのだろうか。このスミレの特徴は、花から突き出た部分である距が短くて太いことだ。タチツボスミレと同じように、いたるところで見られる。

マルバスミレ【丸葉菫】

　どの方向から見てもまとまりのあるスミレで、だらしなく葉が広がっていない。葉の形も整っている。他のスミレのほとんどは色がまちまちだが、このスミレは白が多い。

シロバナタチツボスミレ【白花立坪菫】

　毎年同じ場所で見られるが、最近固体数が減っている。咲いている場所は斜面だが、近辺には猪の掘り起こした跡がたくさんあるので、大いに気になるところである。

タカオスミレ【高尾菫】

　以前、日影沢でこのタカオスミレを見に九州から来た人たちと出会ったことがある。高尾で最初に発見されたのでタカオスミレに。

　1号路、日影沢、そして小下沢など、見られる場所は多い。

D·A·T·A

ナガバノスミレサイシン（長葉の菫細辛）
山地の湿った場所で見られる。名前の「細辛」は、ウスバサイシンに葉の形が似ていることから。花の色は淡紫～白色のものがある。

シロバナタチツボスミレ（白花立坪菫）
タチツボスミレの一品種で、唇弁の距まですべて白いスミレをこの名前で呼ぶ。

マルバスミレ（丸葉菫）
山地の日当たりの良い場所に生息している多年草。葉は卵円形～円形で表面は緑色、裏面は淡緑色をしている。

タカオスミレ（高尾菫）
山麓の木陰や林縁で生えており、名前の通り高尾山でよく見られる。ヒカゲスミレの変種といわれ、葉は茶褐色を帯びたくすんだ緑色をしている。

フギレナガバノスミレサイシン
【斑切れ長葉の菫細辛】

　1度見たら忘れられない。葉を見れば他のスミレとはっきり区別できる。エイザンスミレとナガバノスミレサイシンとの交雑種である。

アカネスミレ【茜菫】

　日当たりの良い斜面に多くの株が散在していた。他にタチツボスミレの株などが見られたが、色鮮やかなアカネスミレの方がいっそう引き立って見えた。今後も頑張って咲き続けてほしい。

ヒカゲスミレ【日陰菫】

　高尾では、日影沢の湿った場所で林道脇の日陰に見かけることが多い。葉の色は違うが、姿形はタカオスミレとほぼ同じである。日陰で育って日焼けしないのがヒカゲスミレ？

オカスミレ【丘菫】

　アカネスミレの髭を剃ったのがオカスミレ。オカスミレの説明にしてはちょっとオカ（丘）しいかもしれない。でも、スミレは数が多いので名前を覚えるだけでもひと苦労である。ひとつでも特徴をつかめば、しめたものである。

D・A・T・A

フギレナガバノスミレサイシン
（斑切れ長葉の菫細辛）
エイザンスミレとナガバノスミレサイシンとの交雑種。

ヒカゲスミレ（日陰菫）
山地の日陰や湿った場所を好んで生息する多年草。全体に粗い毛があり、花は白色で距は太く、円柱形をしている。

アカネスミレ（茜菫）
日当たりの良い丘陵や、低山に生えている多年草。全体に毛が短く、三角状の卵形の葉がついている。花は淡紅紫〜紅紫色で、紫色の筋が入っている。

オカスミレ（丘菫）
「オカ」は丘陵地からつけられた。山野の日当たりの良い場所に生息している。葉は1センチほどの卵形で、濃紅紫色の花がついている。

エイザンスミレ【叡山菫】

　多くの場所で見られるが、色や形などの変化が多すぎる。名前は比叡山(ひえいざん)に由来する。花の後も追跡すれば、葉が大きくなる。これでもスミレか？　と思われるほど。

アケボノスミレ【曙菫】

　スミレの中では遅咲きで、最初に花が開いてからゆっくり丸まった葉が出てくる。名前の由来は、春は曙…花の色が夜明けの空の色を思わせることからきているらしい。この花も花期が長いので、徐々に色褪せていく。

ヒゴスミレ【肥後菫】

　南高尾の林床に咲いていた。よく似たエイザンスミレとの交雑種を、ヒラツカスミレと呼ぶらしい。それにしても紛らわしいスミレ同士の交雑種、どうして見分けるの？　解決法は、多くの出合いで目を慣らすしかないようだ。

DATA

エイザンスミレ（叡山菫）
葉は3つに深く裂けていて、鳥の足のような形になっている。花びらは紅紫や白などの色がある。

アケボノスミレ（曙菫）　山地の日当たりの良い場所や、半日陰に生えている多年草。

ヒゴスミレ（肥後菫）
高さは5～10センチで、落葉樹林や日当たりの良い草地に生えている多年草。葉は細かく裂けて5裂になる。花は白色で、唇弁に紫色の筋が入っている。

シラユキフモトスミレ

フモトスミレ

オトメスミレ

シラユキフモトスミレ
フモトスミレ
オトメスミレ【乙女菫】

　いろんな名前のスミレがある。フモトスミレのシロバナ。これをシロバナフモトスミレの名にすれば、シロバナタチツボスミレなどと同じイメージになる。ところが名前がシラユキ（白雪）フモトスミレになっている。なんとなく、ただのフモトスミレのシロバナではない気がする。フモトスミレも、小さくてとても可愛い花である。その名前に＋シラユキであるから、もっと可愛い花に違いない。そう思って、まるで白雪姫に会うような気分で出かけてみた。想像していた通り、汚れを知らぬ白雪姫そのものである。何しろ数が少ないので、居座って仲間を増やしてほしいものだ。

　それに比べると、オトメスミレは数が多い。だからといって見劣りするわけではないが…。オトメスミレは、箱根の乙女峠で発見されたことが名前の由来。白い花で距にちょっぴり淡紫色を帯びる。葉を見るとまるでマルバスミレのようだが、よく見比べると微妙に違う。

DATA

シラユキフモトスミレ
丘陵や林下、林縁に生息している。距まで白いものをこの名前で呼ぶ。

フモトスミレ
山地の林縁や日当たりの良い草地に生えている。表面に白い斑点があるものもあり、白斑が強いものは「フイリフモトスミレ」と呼ばれる。

オトメスミレ（乙女菫）
山地に生息している多年草で、タチツボスミレの一品種。

ニョイスミレ（別名：ツボスミレ）

ニョイスミレ【如意菫】
シロバナヒナスミレ【白花雛菫】
ナガバノアケボノスミレ【長葉の曙菫】
ニオイタチツボスミレ【匂立坪菫】

　ニョイスミレは、スミレの最終ランナーのひとつ。道端に咲き、花は他のスミレより小さい。孤独より集団を好むようで、孤立はあまり見られない。
　シロバナヒナスミレはヒナスミレで花が白いだけだが、数が少ないので探す苦労は多い。
　ナガバノアケボノスミレは、ナガバノスミレサイシンとアケボノスミレの交雑種だが、まだ蕾だと思って油断しているとすぐに開花してしまう。
　ニオイタチツボスミレはかすかににおうらしいが、臭覚には個人差があるので、においでの区別は難しい？

D･A･T･A

ニョイスミレ（如意菫）・ツボスミレ
山野の湿った場所で見られる多年草。高さは5〜25センチで、開花はスミレの仲間の中で一番遅い。花は小さな白色で、唇弁には青い筋が入っている。

シロバナヒナスミレ（白花雛菫）
山地の日陰や湿った場所に生息している。ヒナスミレで花が白いので、この名前になった。

ナガバノアケボノスミレ（長葉の曙菫）
林下や林縁の湿った場所に自生している多年草で、花は淡赤紫色が多いが白色に近いものもある。

ニオイタチツボスミレ（匂立坪菫）
丘陵地や山地の日当たりの良い場所で見られる。高さは10〜15センチで、花期には30センチほどになる。全体に白い短毛がある。

シロバナヒナスミレ

ナガバノアケボノスミレ

ニオイタチツボスミレ

ランあれこれ

> ランは、世界中で最も多い植物のひとつと言われている。数が多いので、その生活様式もいろいろである。
> ツチアケビのような腐生ラン、セッコクのような着生ランなどのように、同じランでありながらそれぞれ違った生き様を見せてくれる。

ヒメフタバラン【姫二葉蘭】

「名は体を表す」のごとく可愛い花で、ランの花としては開花が早く、林床に咲いている。この時期に咲く他の花と同じように落葉樹が芽吹き、その葉などが成長して、日陰にならないうちに種子づくりという役目を終えようとしているようだ。対をなす2枚の葉が懸命に頑張っているようで、これもまた可愛い。

カヤラン【榧蘭】

着生（賃貸？）なので、家主は岩や樹木。でも、樹肌が滑らかでは居心地が悪く落ちやすいので、杉や梅などによく見られる。ぶら下がりを得意としているが、風雨などにより落下することもあるらしい。

D・A・T・A

ヒメフタバラン（姫二葉蘭）【ラン科　フタバラン属】
山地の木陰に生えている。5～20センチの多年草。葉は卵状三角形で、やや先がとがっている。唇弁はくさび形で深く2裂している。

カヤラン（榧蘭）【ラン科　カヤラン属】
樹上や岩上、常緑樹林内の樹幹に着生する多年草。葉は10～20枚、花は淡黄色で唇弁は暗紫色の斑点があり、3裂する。

セッコク【石斛】

　6月初旬前後に咲きはじめるこの花を見に来る人は多い。ケーブルの発着駅の近くで見られるが、圧巻は6号路である。琵琶滝を過ぎてしばらく歩くと、緩（ゆる）い坂道が終わり、コーナーにベンチがある。そこから右側の杉の枝を注意深く見て歩くと、ところどころに見られるようになる。

　しばらくすると、右側の1本の杉の木に溢れるばかりのセッコクが見られた。圧巻そのもので、セッコクにとってはまさに高層マンションと言えるかもしれない。そこを過ぎてからも高所に見られる。

サイハイランの種子

サイハイラン【采配蘭】

　サイハイランは、6号路などではシャガの中に生えている。葉が似ているので保護色のようにも思える。種子は11月から翌年の3月頃まで見られる。

DATA

セッコク（石斛）【ラン科　セッコク属】
樹上や岩上に着生している常緑の多年草。花の色は白～淡紅色で、唇弁は前方に突き出ている。茎には、漢方薬としての消炎効果がある。

サイハイラン（采配蘭）【ラン科　サイハイラン属】
丘陵や山地の湿潤な林などに生えている多年草。葉は長楕円形で根元に1枚のみ。花の色は紅紫～黄褐色まで変化に富み、唇弁は赤紫色を帯びている。

ムヨウラン【無葉蘭】

　世界中で最も多いのが、ランの仲間。着生ラン、腐生ラン、そして自生ランとさまざまであるが、高尾ではいずれも見られる。
　ムヨウランは腐生ランであるが、その名の通り葉がない。多年草であるが、稲荷山コースでは2〜3年毎にしか見られないので、長期休暇が多いようだ。

スズムシソウ【鈴虫草】

　スズムシソウは名前も花もいい。鈴虫を見たことのある人なら、花の名前を知らなくてもスズムシソウと呼ぶに違いない。特に、スズムシのオスに似ている。どんな虫が訪花するのだろうか。間違えて鈴虫が訪れることはあり得ない。鈴虫の出現は秋なのだ。

DATA

ムヨウラン（無葉蘭）【ラン科　ムヨウラン属】
常緑樹林内に生えている多年草。葉がないのでこの名前に。高さは30〜40センチで、茎は白から黄褐色になる。花は2センチほどの筒状で黄褐色になる。

スズムシソウ（鈴虫草）【ラン科　クモキリソウ属】
山地の湿った林内で出合える多年草で、高さは10〜30センチほど。楕円〜長楕円形の葉が2枚ついている。

クモキリソウ【雲切草】

そっとしておけば、毎年同じ場所に顔を出し咲いてくれる。花の色によって「アオグモ」と「クログモ」に分けられるが、写真はアオグモで、高尾ではクログモは見られないようだ。

この花も林床を好み、目立たぬ存在だが比較的短期間に花を咲かせ、去りゆく花のようである。名前の由来は「雲」と「蜘蛛」の両説がある。雲は自然に消え去ってしまうが、蜘蛛についてはせっかく訪れた虫を捕獲する天敵、これを切り払う意味でのクモキリも悪くない。

マヤラン【摩耶蘭】

なんとも不思議なランである。花期は7〜9月だが、場所や年によって咲く時期はいろいろで、突然姿を現すランかもしれない。

去年3回見られた場所も今年は7月のみ。ある場所では去年も今年も7月と10月に1回ずつ見ることができた。11月になっても元気な姿を見せてくれることもある、不思議なランである。

写真にするには、遅い時期の方がいいようだ。

DATA

クモキリソウ（雲切草）【ラン科　クモキリソウ属】
山地の林内で見られる多年草。大きめの長楕円形の2枚の葉は、根元から出ている。淡緑や紫色を帯びた花びらが、数個〜10数個つく。

マヤラン（摩耶蘭）【ラン科　シュンラン属】
常緑広葉樹林に生える多年草。花は、白地に赤紫色のまだら模様がある。神戸の摩耶山で発見されたのでこの名がついた。

エゾスズラン【蝦夷鈴蘭】

　なぜかスリムな茎に重たそうな花がいくつもついているが、以前別の場所で見た茎にはもっと多くの花がつき、茎ももっと大きかった。芽生え育った環境に順応しているように思える。見栄を張らずに自然のまま生活している感じがする。

　別名のアオスズランは緑色の花を咲かせることによるらしいが、花の中はほんのりと化粧をしているようである。

オオバノトンボソウ【大葉の蜻蛉草】

　別に美貌を競っているとも思えないが、エゾスズランと同じ頃最盛期を迎えている。これも育つ場所によって、花数が大きく違うようだ。名前の由来は、トンボソウに似ていて葉が大きいことによるらしいが、個々の花は可愛い蜻蛉が一斉に飛び立とうとしているように見える。

　別名をノヤマノトンボソウと呼ぶらしい。どう見てもトンボソウの名前がよく似合う。飛び去らないで高尾に残ってほしい。

DATA

エゾスズラン（蝦夷鈴蘭）・アオスズラン
【ラン科　カキラン属】
高さ30～60センチの多年草。全体に短い毛が生えている。北海道の蝦夷で発見され、スズランに似ているためこの名前がつけられた。

オオバノトンボソウ（大葉の蜻蛉草）
【ラン科　ツレサギソウ属】
浅い林内で見られる多年草。茎は角張っており、高さは25～60センチほど。

花

ツチアケビ【土木通】

　葉緑素をもたない。だから光合成もできない。けれども大きいものは1メートルくらいになっているものもある。1個1個の花もきれいに咲く。蕾も多く見られるが、これが一斉に咲いたらどんなに豪華な花になるのだろうか。名前の由来は、実がアケビに似ているから？　本当は色も形もウィンナーソーセージに似ているのに…。

　でも、花の名前に加工食品の名前は似合わない。これでいいのだ…。

ヨウラクラン【瓔珞蘭】

　名前は、垂れ下がった花序が瓔珞（仏像の珠飾り）に似ていることに由来するらしい。小さな塊（かたまり）になって樹表に着生している。着生だからすべすべした樹肌では住み心地がよくない。だから現住所には、梅やカツラなど滑りにくい木を選ぶ。

DATA

ツチアケビ（土木通）【ラン科　ツチアケビ属】
腐生植物で、光合成ができないためナラタケなどと共生している。当初は鮮やかな黄色だが、秋になって熟すと真っ赤な果実をつける。

ヨウラクラン（瓔珞蘭）【ラン科　ヨウラクラン属】
木の幹や岩上に生息している多年草。葉は互生しており、先から黄褐色の房状の細かい花がたくさん並んでいる。日本の野生蘭の中では一番小さい。

ベニシュスラン【紅繻子欄】

　ベニシュスランは2花、3花のものなどいろいろで、高さ5センチほど。花期が夏の最中、花は近くでも見られるが、右の写真は高尾山系でも奥の方で撮ったもの。登り下りを繰り返しようやくたどりついたので、汗だくになった。

ベニシュスラン

ミヤマウズラ【深山鶉】

　2007年は日照り続きで花穂が枯れたものが多く見られた。一転して2008年は多雨。豪雨も発生し、薬王院などでは杉の大木に落雷まであった。雨が降れば、すくすく育つ。2008年は順調に育ち、きれいな花が咲いた。花を拡大すればまた可愛い。名前の由来は、葉の模様がウズラに似ているからといわれている。

トンボソウ【蜻蛉草】

　思いがけず仲間が見つけた。残念ながら最盛期は過ぎているが、初対面なので贅沢はいえない。以前からオオバノトンボソウは顔なじみである。
　今後も無事に咲き続けてくれることを、祈るのみだ。

花　　ミヤマウズラ

トンボソウ　　花

D・A・T・A

ベニシュスラン（紅繻子蘭）
【ラン科　シュスラン属】
樹林下の湿った地上や石垣などで見られる多年草。ビロード地の葉に、白黄色の網目模様が入っている。白味を帯びた淡赤紫色の花を1〜3個つける。

ミヤマウズラ（深山鶉）
山地の樹林内で見られる多年草で、葉の白い斑点がウズラの卵に似ていることからこの名前がついた。「ヒメミヤマウズラ」よりは大型で、唇弁の内側は無毛。

トンボソウ（蜻蛉草）
【ラン科　トンボソウ属】
湿気のある林内に生えている多年草。花の形がトンボの頭に似ていたので、この名前に。淡緑色の花を穂状に多数つけている。

4.考える植物

　植物たちの成長過程を追跡し、その姿の変化を見ていくと、そこに何かの努力目標が掲げられているような気がする。
　自家（自花）受粉防止対策は多くの花で見られるが、閉鎖花で自家受粉を促し、子孫存続を図っている植物もある。また、梅雨時には花を下向きにして、シベの防水対策をしている花もある。植物たちの努力目標は「子孫存続」、これだけである。
　ここでは、いくつかの考える植物を取り上げ、素人の独断・偏見解説を試みた。

自分で種まき？

花

オオバウマノスズクサ
【大葉馬の鈴草】

　花は数多く咲くが、その割に実は少ない。花も実も変わっていて、実は数ヵ月経過してようやく熟する。
　まず、実（写真A）が熟するとBのように実の下側が割れてくる。実が一旦割れてしまうと中に空気が入り、内側が乾燥することで収縮し、Cの形ができあがる。
　この変化に注目して、追跡を試みた。何か知恵が隠されているような気がしたからだ。
　DからEへの変化（約24時間後）を見れば、何をしようとしているのかが推察できる。
　変化は大きくないが、爪のように鋭くとがった果皮の先端部分は、確実に房状になった種子列にくい込んでいる。
　種子は房状のまま落下すれば1箇所で発芽することになり、テリトリーが広がらない。兄弟間の喧嘩が懸念されるだけである。

写真A

写真B

写真C

写真D（2007/10/22）

写真E（2007/10/23）

写真F

　種子は、鳥などに食べられることも考えられる。しかし、目立たない葉陰になっているため期待はできないので、自分で種子を散布することにしたとも考えられる。
　この方法は果皮の内側の収縮を利用しているので、特にエネルギーを必要としていない。省エネで種子を撒き散らすのだからなかなか賢い方法だが、これには欠点がある。それは雨だ。雨に降られたら、ことが成就しない。写真Fは雨でぬれてしまい、種子を中に残したままだらりと垂れ下がった果皮の姿である。晴れて乾燥して再び種子を剥ぎ取ることができるのだろうか。
　植物を追いかけると、その生き様が見えてくる。一連のオオバウマノスズクサの動きも単なる自然の姿かもしれないが、その連続した動きには、目指すものがあるような気がしてならない。

DATA
**オオバウマノスズクサ
（大葉馬の鈴草）**
【ウマノスズクサ科　ウマノスズクサ属】
山地の林内に生えている、つる植物。葉は円形で、先が少しとがっている。形はトンボ形からハート形までいろいろなものが見られる。

季節を分けての種子づくり

春の花
（別名：ムラサキタンポポ）　　秋の花（閉鎖花）と種子

センボンヤリ【千本槍】

　ホトケノザ（春）やキッコウハグマ（秋）などは、花芽をたくさんつけて1本の茎に正常花と閉鎖花を同時進行させる。ところがセンボンヤリの茎（花軸）は、その先端に1個の花しかつけられず、正常花か閉鎖花のどちらかに限定されている。

　まず春に花を咲かせてみるが、それだけでは花の数も少ないので心もとない。そこで、秋にたくさんの槍（閉鎖花）を立てて、頼りない春の花を強力にバックアップすることにしたのだろう。

　名前がセンボンヤリである。春より秋の閉鎖花の数の方が、圧倒的に多い。閉鎖花は確実に自花受粉するから、種子は必ずできる。だが、種子はクローンだから先祖より進化のない子孫が残ることになる。春の花が開花して虫たちの動きで受粉した場合、新しいDNAが加わる。

　秋に子孫存続の安定した基盤をつくり、春に種族の進化を図っているものと思われる。成熟した種子は冠毛をつけ、風の向きによってあちこちに旅立っていく。そして、種子と閉鎖化が同時に見られるように、かなり長い期間を要しての種子づくりとなる。

　その種子は、自分の就職先を風に任せる。つまり、親は子どもの行き先を知らないので無責任な子作りをしているように思えるが、行き先知れずの子どもの子ども、つまり自分の孫が風に乗って帰ってくる可能性もある。それだけが楽しみ？

DATA
センボンヤリ（千本槍）　【キク科　センボンヤリ属】
山や丘陵地の、日当たりの良い場所に生息している多年草。茎の高さは10センチほどで、1.5センチほどの白い花びらの裏は紫がかっている。

理想は高く、でも現実は…

半開きの花【A】

全開した花【B】

葉上に突き出た実【C】

ウリノキ【瓜の木】

　名前の由来は、大きな葉がウリの葉に似ていることによる。梅雨時に咲くこの花、光合成の効率を上げるためだけに葉を大きくしているのではない。さらなる目的は、梅雨対策である。雨水からオシベを護ることも、重要な役目のひとつだ。

　次に花を見てみよう。花の普通の姿は【B】のように全開しているか、蕾の状態である。半開きの【A】を見かけることは少ない。だから蕾が開きはじめたら短時間に全開するものと思われる。

　花から結実までを見ていると、子孫存続のためにこの木が掲げた理想像が見えてくる。まず葉を大きくして、その下に花を咲かせる。これは雨対策である。次に、結実したらテリトリーを広げるために鳥を利用する。このためには、実を目立たせるため葉の上に掲げることである。

　この理想を実現するのは容易ではない。雨対策を優先すれば、実が目立たない。高く揚げて鳥による種蒔きを優先すれば、雨対策がおろそかになる。

　ウリノキに残された課題は大きい。

D・A・T・A
ウリノキ（瓜の木）
【ウリノキ科　ウリノキ属】
山地沢沿いの日陰に生息している落葉樹で、葉の形がウリの葉に似ている。葉の下面は軟毛が多く3裂し、先はとがっている。

トカゲのしっぽをまねて…

立ち花穂枯れ？ 　　　元気な株

ミヤマウズラ【深山鶉】

　開花を楽しみにして出かけたが、現場で見たのは哀れな姿だった。この場所に限らず、他でも同じような姿が見られた。写真の場所（やや西向きの斜面）では、花穂の枯れたものと元気なものがあり、北斜面の場所ではすべて無事、南斜面ではすべての花穂が枯れていた。いずれの場所も林床であるが、なぜこんな現象が起きたのだろうか。

　2007年の夏は例年より遅れた梅雨明けだったが、その後猛暑続きの雨知らず。梅雨明け10日とはよく言ったもので、それ以上に日照りが続いた。そして梅雨明け後の雨が降る2〜3日前に、写真（左）の姿になってしまった。生死を分けたのは地面の向きによるわずかな日照（乾燥）の差であろうと思われるが、これも生き残るための知恵だと考えられないこともない。なぜなら、花穂は枯れてはいるが、それぞれの葉は少し垂れ気味でも元気がありそうだからだ。

　余談だが、トカゲは非常事態になるとつかまれたしっぽを切り離して逃げていき、本体を護る。これと同じことをして母体を護ろうとしているのが、ミヤマウズラの知恵なのだろう。

　ミヤマウズラは多年草である。その寿命は何年なのか知らないが、今年が駄目なら来年がある。花実をつけるにはそれなりのエネルギーが必要である。長期乾燥で水不足の危機を感じたとき、まず母体の安全を考え、花穂を犠牲にしてしまったのではないだろうか。

　地球温暖化の問題。その解決策が見えない今日、ミヤマウズラのように対処できる植物は生き延びても、無策の植物は淘汰されるのであろうか。

> **D・A・T・A**
> ミヤマウズラ（深山鶉）
> →P86

ゴーイングマイウェイ

冬でも葉は元気

オニシバリ【鬼縛り】

　同じ樹木でも、谷底と陽のあたる丘の上では育ち方が異なる。谷底の木はまず上に伸びて、それから横に枝を広げる。一方、陽のあたる丘の木は、低くても十分な陽光を得られるから、上に伸びずに横に枝を広げて受光面積を優先している。このように樹木の形は生き抜くため、育つ環境により自らを変化させ対応している。

　ところで、オニシバリは生き抜くためどのようにして環境に対処しているのだろうか。オニシバリは他の植物と競争することを避け、自らの道を選んだ。背丈を低くして余分なエネルギーの消費を抑え、少ない陽光でも生存できるように他の植物とは反対に冬休みを取らず、エネルギー消費の多い夏に休みを取ることにした。だから夏に葉を落とし、坊主になって涼しく過ごすことから、別名を「ナツボウズ」と呼ばれるようになった。

　他の植物が夏から秋にかけて春の準備をするのに対し、オニシバリは他の落葉植物が葉を落として休んでいる冬に、木漏れ日を受けて春の準備を着々と進めている。冬は周りの植物が葉を落としているので日当たりが良い。そこでオニシバリは他と争うことなく、じっくり光合成を行って、らくらくと生き延びることができる道を選んだようだ。

　郊外から都心に通うラッシュの辛さを避け、逆に都心から郊外へ通っているようなものだ。

DATA

オニシバリ（鬼縛り）・ナツボウズ（夏坊主）
【ジンチョウゲ科　ジンチョウゲ属】
林内の適湿地で生息している、小低木。淡黄緑色の花を咲かせ、夏の1ヵ月間に葉を落とすため「夏坊主」とも呼ばれている。

ホンネとタテマエ

ゲンノショウコ【現の証拠】

　昔から民間薬として知られ、飲めば薬効がすぐに現れることが名前の由来になっている。

　花は必ずペアで咲くが、片方が先行し、他方は後から開花する。見かけ上同時に開花した花のようになる。写真Aを見れば、同時開花でないことがよく分かる。

　ゲンノショウコの面白いところは、受粉後の変化にある。Aを見ると、右の花は最盛期であり、左の花（花弁はなくなっている）はすでに受粉・受精を終え、花柱が伸びはじめている。

　一般の花なら受粉・受精を終えた後、花柱は衰えて子房が残り、実ができて種子が育っていくが、ゲンノショウコは花柱を伸ばしながら実も大きくなっていく。Bを見ればそのことが推察できる。受粉は花柱が短いときに行われるため花粉管も短くてよいので短時間での受精が可能になる。

　では、なぜ花柱を伸ばすのだろうか。その理由は種蒔きにありそうだ。

白花と紅花

写真A　（最盛期の花と受精を終えた花）

写真B　（受精後花柱は伸びていく）

D·A·T·A
ゲンノショウコ（現の証拠）
【フウロソウ科　フウロソウ属】
山野の道端で見られる多年草。古くから茎や葉を干し、煎汁を下痢止めとして服用していた。効き目がすぐに現れるので、「現の証拠」と呼ばれた。

写真C

写真D

袋の割け目（種子の出口）

写真E

たまにこんな花も（源平ゲンノショウコ？）

　ゲンノショウコの種は、どのように蒔かれるのだろうか。写真Dを見ると、ソフトボールのピッチャーの投球フォームに似ているから、同じフォームで四方に種子を投げて蒔いているように思える。おそらくCの形を見る機会がなければ、誰もがゲンノショウコは種子を自分で放り投げて蒔いていると思うに違いない。しかも、Bから瞬間的にDの形になって種子が蒔かれていると思うのが普通だ。

　ところが種子はCのように、別名のミコシグサ（D）になる前に、すでに蒔かれている。ゲンノショウコが群生する場所では、花から写真A、B、C、Dがほとんど同時に見られる。だからBが成熟して瞬間的にDになり、種子を放り投げるとは思えない。なぜなら、Eのように袋の割け目を見れば、投げる前に零れ落ちる構造になっているのが分かる。

　建前は子どもを遠くへ飛ばしてテリトリーを広げたい。でも、本音は子どもを身近で育てたい。だから遠くへ投げたふりをして、お互いに仲間をだましあっているかのように見える。しかし、理想は遠くへ飛ばすことのように思われるから、徐々に訓練を重ね、遠投ができるようになりそうである。

　でも、種子の出口に設計ミスがありそうで、まずは設計変更が必要なようだ。

性格の違い？

ボタンヅル

センニンソウ

ボタンヅル【牡丹蔓】　センニンソウ【仙人草】

　晩秋から初冬へと季節が移り変わると、落ち葉を踏みしめながらの歩きとなる。この時期になると、葉に隠れていたものが見えるようになる。

　日影沢から城山へ向かう途中、沢沿いの1本のコクサギの幼木に添うように立ち上がるツルを見つけた。しかも、節ごとに葉柄でコクサギを抱きかかえるように巻きついて自らを支えていた。それがボタンヅルだった。

　そこで、似た仲間のセンニンソウが気になったので眺めてみることにした。やはり小木に巻きついていた。でも、よく見ると性格の違いなのか、巻き具合が違う。ボタンヅルは性格が几帳面なのか、しっかり巻きつき機能美を発揮している。一方センニンソウは性格が荒っぽいのか、巻き方に雑な部分が目立つ。

　蔓植物のはい上がり方はいろいろである。キュウリなどのように巻きひげを出して他の植物に絡んではい上がるもの、クズやフジなどのように蔓本体が他の植物に螺旋状に巻きついてはい上がるものなど。一長一短はあるだろうが、要は蔓植物自体が風などによって進路を妨害されることなく固定できればいいのであって、それぞれに特徴があって面白い。

　因みにボタンヅル、センニンソウは共に他の樹木に接した場所のみで長い葉柄を巻きつけ、有効に使っている。ここにも植物の知恵がある。

DATA

ボタンヅル（牡丹蔓）
【キンポウゲ科　センニンソウ属】
野山で見られ、センニンソウに比べると白い花びら状の萼がやや小さい。3枚の葉は先がとがっており、深い切れ込みがある。

センニンソウ（仙人草）
野山の道端で見かけるつる植物。花は2〜3センチほどで、白い花びら状の萼が十字形に全開する。

虫を呼び寄せる花の知恵

アキノキリンソウ（2008/9/16）

オクモミジハグマ（2008/9/17）

アキノキリンソウ【秋の麒麟草】
オクモミジハグマ【奥紅葉白熊】

　9月も半ばを過ぎると、本格的な秋の花が登場してくる。モミジガサ、ヤブレガサ、それにキク科の仲間たちなどである。一般に日当たりなどの条件を除けば、春や夏の花はふもとから高い場所へと順番に開花していく。そして花の咲き方も、オカトラノオやヒトツボクロ、ツレサギソウなどのように、同一株の花も下から上の方へと開花する。これは、梅雨時は虫たちの活動が鈍いために花期を長期化させ、数少ない五月晴れのときに虫たちの訪花をうながして受粉を確実にするための知恵なのだろうか。

　これに対して秋の花は、高い場所から低い場所へと順次咲いていく。そして花の咲き方も、アキノキリンソウやオクモミジハグマなどに見られるように、春の花とは反対に上から下へと開花していく。これは、秋になると徐々に寒さが増して虫たちの活動が鈍くなっていくため、まず目立つ高い位置の花を咲かせて訪花をうながし、受粉をより確実にしようとしているように思われる。

　このような花の咲き方は比較的背丈の低いものに見られ、イヌショウマやサラシナショウマのように背丈の高い花では、春の花と同じように下から上へと順に開花していく。これは、背丈の高い花は元々目立つので、咲き順にこだわる必要がないからだと考えられる。

　花はただ咲いているのではなく、虫たちの動きや環境への対応などにも知恵を絞っている。

D·A·T·A

アキノキリンソウ（秋の麒麟草）
【キク科　アキノキリンソウ属】
日当たりの良い道端や山地の草原に生息している多年草。秋に咲く麒麟草、からこの名前に。高さは20〜80センチほど。

オクモミジハグマ（奥紅葉白熊）
【キク科　モミジハグマ属】
茎は40〜80センチほどで、白い房状の花が咲いている。山地の木陰で見られる。葉は茎の中ほどに4〜7枚つき、花茎は葉より上に突き出ている。

蜂たちのスタンプハイク

　高尾山では、春と秋の2回スタンプハイクが開催されているが、それ以前から秋に1回だけスタンプハイクを開催している花がある。もちろんスポンサーはその花自身である。蜂たちは蜜という賞品を目当てに参加しているが、知ってか知らずか花を訪れる度に背中にスタンプを押されながら飛び回っている。

　この花は、花の咲き順も少し変わっている。一般に、秋の花はアキノキリンソウやオクモミジハグマなどのように、上の方から順序良く開花していくが、この花は順不同のランダム咲きである。群生することで花は十分に目立つので、咲く順序にこだわる必要がないからだ。ランダムにすることで、花は1箇所に集中せず、蜂たちは他を気にすることなく吸蜜できる。

　蜂たちの習性は、まず開花した低い場所の花を訪れ、順序良く高い場所の花へと訪れる。高い順に花を追いかけていくと花株が絶えず変わるので、同株受粉の確率は極めて低くなってしまうからだ。

スポンサーは、キバナアキギリ

キバナアキギリ【黄花秋桐】

　さて、いよいよスタンプハイクのスポンサーの登場である。その名はキバナアキギリ、これが正体である。この花は、実に巧妙にできている。

　花は、蜂たちが入りやすいように口を大きく開けている。蜂たちはすぐに蜜にありつける、と思うに違いない。ところが入口にはドアがあって、そのドアを押し開けないと蜜にありつけない。力が要るのでやっとの思いでドアを押し開けると、それに連動して背中に花粉のスタンプを押される。花粉の媒介は、大きな蜂でないと役に立たない。小さい蜂は背中がメシベに届かないので花粉が受けられない。また、弱い力なのでドアが押し開けられず、当然蜜にもありつけない。

　花は入口で花粉運送業者の選別を行っているのである。アリなどの小さい虫などは別にして、蜜をちゃっかりいただいて、花粉の運送をしない悪徳業者は門前払いなのである。ここには天下りもなければ、談合もない世界がある。真面目な業者には分け隔てなく適正価格（蜜）で発注している。

　蜂たちの習性まで知り尽くし、群生することにより共栄の道をたどってきたキバナアキギリは、多年草だから驚きである。1年草なら毎年生まれ変わるから進化も早い。でも多年草は、クローンのままで生き続けなければならないので進化は遅いはずである。もちろん多年草だって寿命はあり、生まれ変わる。移動できない植物がどうやってこのような知恵を学び、自らを育んできたのであろうか。

　蜂たちが花を訪れ、吸蜜をして飛び去った後に他の蜂が再びその花を訪れる。この花には蜜が多いのかもしれないが、なぜかこの植物、蜂たちをもてあそんでいるようにも思える。

　植物にも、遊び心があっていい。

D·A·T·A
キバナアキギリ（黄花秋桐）【シソ科　アキギリ属】
山地の木陰に生える、高さ20〜40センチの多年草。花の長さは約3センチ、花びらが上下に深く裂けているのが特徴。

キバナアキギリの受粉

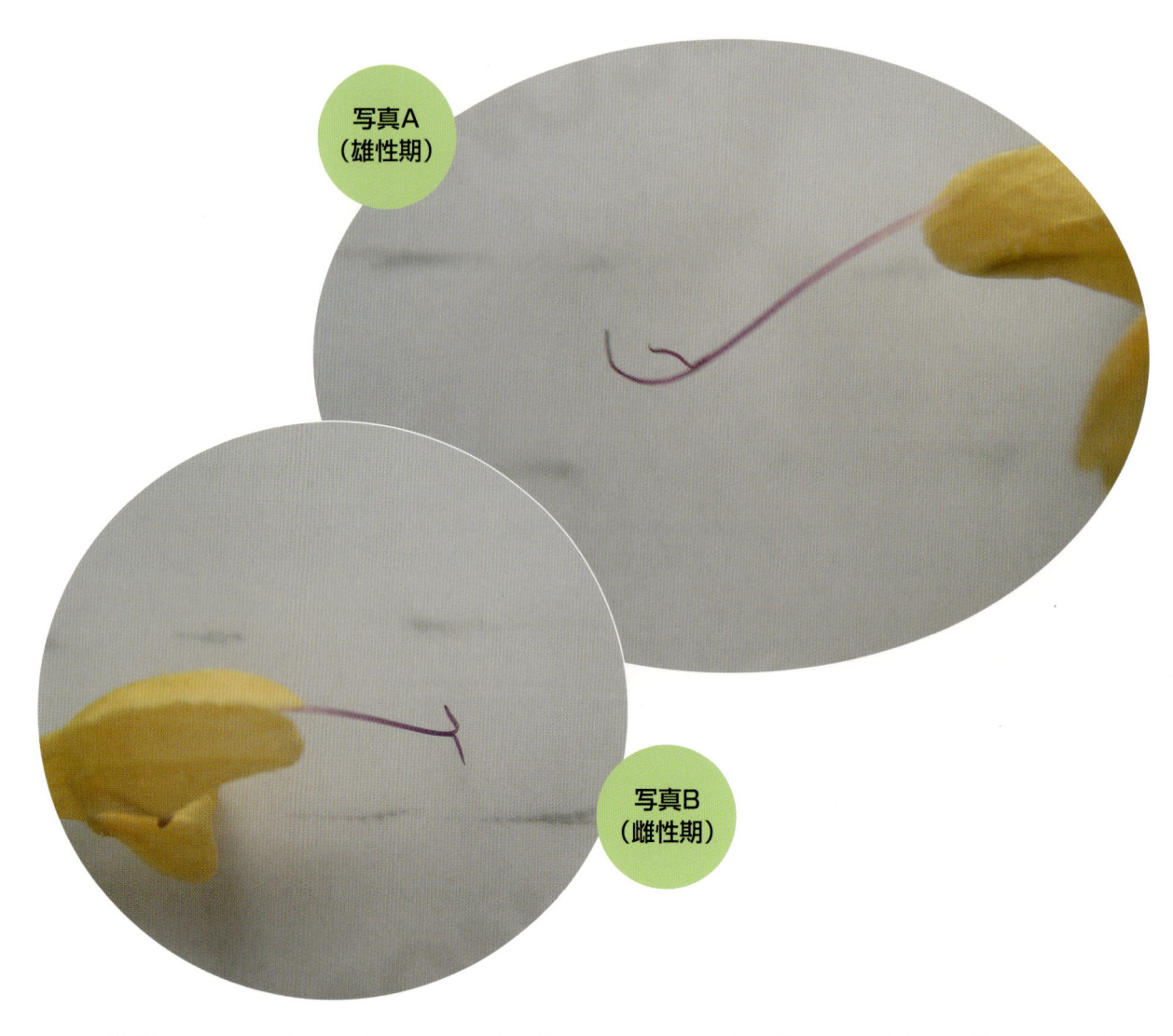

写真A（雄性期）

写真B（雌性期）

　送粉については、蜂の背中にスタンプする形で強制的に効率的な方法を用いている。しかも、それを楽しんでいるように見えるため、受粉にもそれなりの方策があると思われたので、花の先端に突き出たメシベを観察することにした。

　写真Aは、開花の初期段階である。口を大きく開けているので蜂たちは容赦（ようしゃ）なくやってくる。この時期は雄花として機能している。メシベの先端は開いているが、花粉をつけた蜂の背が触れても受粉できない形になっているので、花が雄性期のときは受粉しないようにしている。

　一方Bを見ると、花粉がなくなり雄性期を終えた花のメシベの先端は、大きく開いて蜂の背の花粉を待ち構えているようだ。この段階で花に花粉が残っていて、蜂が花から出るとき蜂の背がメシベに触れても裏の部分であり、雄性期に受粉する確率は極めて低いものと思われる。

　このように、キバナアキギリの送受粉の方法は効率的に行われるので、受粉する確率は高い。さらにこの時期は蜂たちが越冬の準備で蜜をより多く必要とするので、盛んに飛び回り花を訪れて吸蜜に励む。まるで開花の時期まで心得ているようだ。早春に咲くホトケノザや晩秋に咲くキッコウハグマなどは、比較的虫が少ない時期なので、閉鎖花を併せもって子孫を存続しているようだが、キバナアキギリにはその必要はなさそうだ。

　キバナアキギリの驚くべき知恵は、どのようにして授かったのだろうか？

いただいたらお返し？

最盛期が過ぎた雄花

内向きの毛

出ようともがく蟻

最盛期の雌花

蕾は元気がいい

ウマノスズクサ【馬の鈴草】

　変わった花を見ると、どんな仕掛けがあるか気になる。そこで写真を撮りながらじっくりのぞいてみることにした。あった！　やっぱり仕掛けが…。

　開花して最盛期の頃までは雌花、つまり雌性先熟なのである。この時期の花は上向きになり、引力まで利用して大きく膨らんだ袋の中に虫を誘い込もうとしている。さらに中に入りやすいように、花筒の中に毛を内向きに生やしているから、虫は少しでも中に入ったら滑り込むしかない。だから、この時期（雌性期）に外から虫がもってきた花粉を独占できるのである。中の虫は出られなくなるが、この花はミミガタテンナンショウなどの雌花のように、花粉を取り上げたうえ、さらに蜜泥棒として出口を塞ぎ死刑にすることはないようだ。

　花粉をいただくと今度は雄花になり、逃げようとする虫に逆に自分の花粉を手土産として与え、花筒を下に向け、中の毛を剃り（？）、虫が逃げやすいようにしている。最盛期の花が上向きで、それを過ぎると下向きになり、中の毛がほとんどなくなるのはこのためと思われる。花期を終えた花を開いてみると、虫の死がいは見当たらなかった。性転換にどれくらいかかるか分からないが、その間耐えられない虫には死が待っているかもしれない。

　いただいたらお返しをする。これがこの花の面白いところである。

DATA
ウマノスズクサ（馬の鈴草）
【ウマノスズクサ科　ウマノスズクサ属】
小川の岸、土手などの草地で生息している、無毛の多年生つる草。熟した果実が球形で、馬の首につける鈴に似ているのでこの名に。

テリトリーを広げる工夫

花　　　　　　　　　　　　　　　　　　裂開前の実

キジョラン【鬼女蘭】

　花の時期は7〜9月。多くの花をつけるが、実は年によってばらつきが多い。実の成熟は2年がかりである。

　実が裂開して冠毛をつけた種子が押し出され、風に乗って旅立つのは場所によってまちまちだが、おおよそ11月末から2月頃まで見られる。コースを歩いていると落下した種子を多く見かけるが、風に乗って空中をさまよう姿はあまり見られない。これは風向き・場所・タイミングの3点セットが必要だからかもしれない。

D・A・T・A　キジョラン（鬼女蘭）【ガガイモ科　キジョラン属】
常緑樹林下に生えている常緑多年草。葉は対生し卵形をしており、表面には光沢がある。葉裏は淡緑色で全面に軟毛がある。

電子顕微鏡による切り口写真　　　　　　　　　　　　　　毛の表面

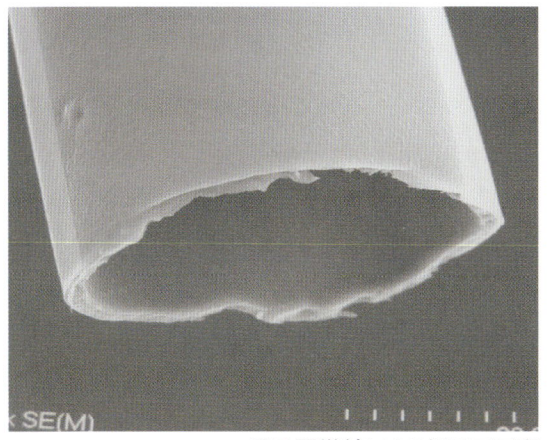

落下した種子　　　　　　　　　　　　　　空になった実（殻）

しな垂れる葉

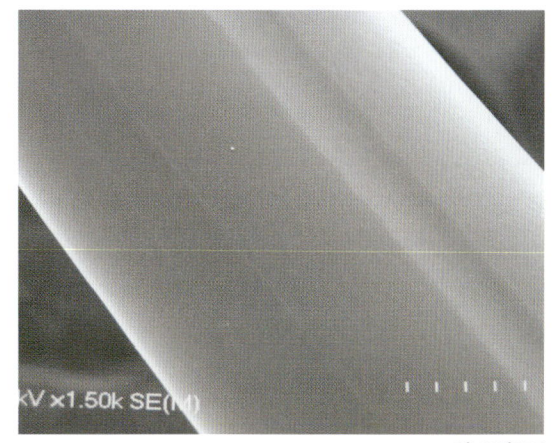

　テリトリーを広げるためにできるだけ遠くへ飛ばしたい。これは重要課題のひとつである。種子の重さはこれ以上軽くできないので、改良すべきは冠毛である。細くても数が多ければ重くなる。でも風で飛ぶのだから、ある程度面積は確保しなくてはならない。結論として毛を管にしたのだろう。

　落下した種子を見ると、冠毛は傘の形をしている。これは飛ぶのに適した形である。ぎっしり詰まった実の中では、実が裂開しただけでは種子は飛び出せない。そこで冠毛は形状記憶することにより、乾燥すると元の形に戻るようになっている。そこでお互いの毛同士が反発し合い、押し出されるようになっていると思われる。

　冬に葉を見るとしな垂れて元気がないように見えるが、水分を少なくして糖分などの濃度を上げ、凍結を防いでいるためだろう。

知恵を絞って大きく見せる

キッコウハグマ【亀甲白熊】

　生えた場所から動けない植物たち、彼らはただその場所に生えているわけではない。子孫存続という重責を担っている。多くの植物を注意深く見ていくと、その重責を果たすためのさまざまな知恵が見られる。

　キッコウハグマも例外ではない。晩秋に咲くこの花、この時期は蜂たちの数は少なく、動きも活発ではないので花を大きく見せなくては気づいてもらえない。花を見ると1個の花に3つのシベがあるように見える。ここにキッコウハグマの知恵が隠されている。この花は、3個の花が合体してできている。1個1個の花は5枚の花弁と1つのシベでできている。花を大きく見せるために3個の花が合体して、それを取り巻く萼片を共有している。実に合理的で無駄がないのである。

　さらにこの花は虫たちとの遭遇がないことも予想して、閉鎖花も併せ持っている。多くは閉鎖花で、日陰での開花は少ない。閉鎖化でできた種子から発芽しても進化は望めないが、子孫は存続できる。正常花に受粉・受精が成立しなくても、閉鎖花でクローンは残せるのである。

　あまり陽のあたらない場所で見られるキッコウハグマは背丈が低く花も小さいが、知恵は大きいように思う。高尾では、同じような花にオクモミジハグマがある。

DATA

キッコウハグマ（亀甲白熊）
【キク科　モミジハグマ属】
高さ10〜30センチの多年草で、山地のやや乾いた木陰に咲いている。五角形の葉の形が亀の甲羅に似ていることからこの名前がついた。

5.番外編(何でもみてやろう)

　高尾にはいろんなコースがある。コースによって光景も違う。まず訪れて、たくさんあるコースをゆっくり歩けば、いろんなものが見えてくる。
　1号路などでは、蛸杉のように樹木の根が張り出している。サルノコシカケなども見られる。花に舞う蝶や鳥のさえずり、蝉時雨など何でも見聞きできるのが高尾である。童心に返り、遊び心でものに接すれば、何かにぶち当たる。
　自然の奥深さに触れ、自然の不思議を体験しよう。

作者不詳

見たぞ！　山桜のあんよ！

　高尾は天然の美術館みたいだ。ただ折れ曲がっただけの桜の根？　でも、見る角度によっては怪しい雰囲気を醸し出す。チョットだけよ…ならまだ可愛いが、練馬大根丸出しなのだ。

　この山桜、もしかして立ち上がろうとしたのか、あるいは疲れ果てて座ってしまったのか。いずれにせよ、長い年月をかけてできあがった天然の芸術品にかわりはない。

　ちょっと艶かしいかな？

無　題

　これなーに？　樹皮表の紋様。下から上に細く伸びる姿はペイントタッチの芸術である。これから仕上げていく途中なのか、何を書こうとしているのか分からない。何しろ作者不詳なのだ。

　この芸術のはじまりはもちろんのこと、いつ終わるのかもまったく予測できない。でも、普通の草木と同じように間違いなく下から上に伸びている。正体はなんであれ、確実に生長の過程であることに間違いはなさそうである。

理想的な離層？

ミツバアケビ【三葉木通】

　一丁平の斜面でミツバアケビの蔓を見つけたところ、ちょっと変わったことに気がついた。普通の草木では離層は葉の付け根（葉腋）にでき、葉柄は分離されて落ちていく。ところが、このミツバアケビではちょっと様子が違う。

　写真Bのように離層のできる場所は葉腋から数ミリほど離れた場所にあり、葉柄の左右に鋭利な刃物で切られたような切れ込みがある。風がどこから吹いてきても葉柄は折れて葉が飛び去るようになっている。

　Cでは、今にも葉柄が切れて葉が落ちそうだ。風力が弱く一気に落ちきれなかったのだろう。なぜ離層が葉腋から離れた場所にできるのだろうか。普通葉の落ちた痕（葉痕）はコルク層に覆われ、ウイルスなどの病原菌から保護されているとのことだ。

　ミツバアケビの場合、葉腋から離層までの距離とコルク層がウイルスをダブルブロックしている、理想的な離層なのかもしれない。

　あるいは、コルク層形成に自信がないから？

写真A　　　葉痕

写真B　　　葉柄　離層　葉腋

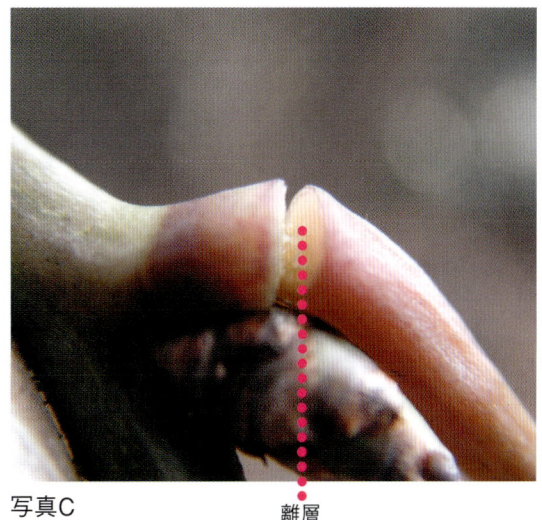

写真C　　　離層

D·A·T·A
ミツバアケビ（三葉木通）
【アケビ科　アケビ属】
丘陵地の林縁に生えている、つる性の落葉樹木。花は濃赤紫色をしている。「アケビ」は5枚だが、3枚の葉からなるのでこの名前に。

寛容植物

何か珍しいものに出合いたい。そう思いつつ辺りを見回しながら歩いていると、何かに出くわすのが高尾山の良いところ。3号路で異種同居? の樹木を見つけた。

カヤにヒイラギとヒサカキが居候している。自然界は不思議が多い。こんな状態でお互いの食関係はどうなっているのだろうか。気になるところである。

ケヤキの胎内に見える双子(双樹)らしき樹木は、残念ながらなんの木か分からない。でも、こんなことが許される樹木の世界。樹木の懐の広さが見えるようだ。

D・A・T・A

ヒサカキ(姫榊)
【ツバキ科 ヒサカキ属】
「サカキ」に比べると小さいことから「姫サカキ」になり、それがなまったことからこの名前になったという説がある。山地に生える常緑小高木で、雌雄異株。

カヤ(榧)
【イチイ科 カヤ属】
山地に生える常緑針葉樹で、成長は遅いが耐陰性が強く寿命が長い。葉は互生し、先がとがっている。

ヒイラギ(柊)
【モクセイ科 モクセイ属】
常緑小高木で山地に生息している。クリスマスに赤い実をつけるヒイラギは、モチノキ科のセイヨウヒイラギで、別の仲間。

富士山描写コンテスト

シラカバ【白樺】

ケヤキ【欅】

　花の命は短くて…。花の命は確かに短い。それに比べて樹木の命は長い。眺めていると、それぞれの樹木の歴史が樹皮上に刻まれているように思える。

　カバノキ科のシラカバは樹皮がはがれやすそうな感じだが、描かれた富士山の上手下手は別にして、樹皮上に多くの富士山の絵（?）が描かれている。いずれも以前に枝の出ていた痕であろうと思われるが、一つひとつの描写に個性があって面白い。

　たまたま見つけたケヤキが描く富士山は堅く、樹皮もしっかりしている。この富士山だけは、はがれ落ちる心配がないようだ。余談ながら、ケヤキの場合、伐られた脇から出る小枝につく葉は特に大きく、怒りをあらわにしているように思えることがある。

　フウの樹皮上にも、多くの富士山が描かれている。さて、コンテストの結果は…？

フウ【楓】

DATA　ケヤキ（欅）【ニレ科　ケヤキ属】
落葉大高木で樹皮は灰白色をしている。葉の鋸歯は曲線的に葉先に向かう、特徴的な形。雌雄同株で雌雄異花。

撮ったぞ、ツミの必殺技

獲物を水中に押さえ込み、窒息死させる

羽を広げ獲物を隠す？

ツミ【雀鷹】

　日影沢の沢沿い、山側の土手の上で目覚めはじめた冬芽を見ていると、突然鳥の悲鳴が聞こえた。見ると、3メートルくらい先にツミがトラツグミを鷲づかみにして降り立っていた。

　チャンスとばかりにリュックを降ろしてカメラを取り出そうとしていると、ツミはトラツグミをつかんだまま川の方へ飛び立った。そして、トラツグミの悲鳴は聞こえなくなった。カメラを手にして川の方をのぞくと、そこに見られた光景はツミの必殺技「水中押さえ込み」だった。そして近づいていくと、羽を広げて獲物を隠す（？）ことまでやってのけた。

　近くで撮りたいのでさらに近づくと、ツミはトラツグミをつかんだまま逃げようとしたが、水中では重いので放してしまった。流れてしまいそうだったので、拾い上げて近くの芝生の上においてその場から立ち去った。しばらくして来てみると、トラツグミはなかった。ツミは近くで様子を見ていたので、持ち去ったものと思われる。

　それにしても、ツミはどうして水中必殺技を編み出したのだろうか。ツミは見たところワシタカ目なので強そうに見えるが、そんなに大きくないので悪賢いカラスなどに獲物を横取りされる可能性はある。まして捕獲中に騒がれては天敵に獲物のありかを教えているようなものだ。素早く捕らえて殺さなくては、安心して食せない。水中で押さえ込んでしまえば、後は静かにことが運ぶ。ただ、じっとしていればいいのである。

DATA　ツミ（雀鷹）【ワシタカ目　ワシタカ科　ハイタカ属】
平地や低山帯の森林で繁殖し、林の中を飛びながら小鳥を空中でつかまえる。群れをなすことはなく、単独もしくはペアで生活する。

ビロードツリアブはこうして眠る

2006/4/1 17:00頃

フラッシュ写真

ビロードツリアブ

　夕方の5時頃になると春とはいえ少し暗く、冷え込んでくる。虫たちにとっては睡眠の時間帯になる。仲間の1人が、枝垂れ桜の蕾のそばに変わった昆虫を見つけた。見ると、ビロードツリアブが写真のように枝に止まっていた。

　まず写真を撮る。次に触ってみるが動かない。死体のように見えたので少し強めに触れると下に落ち、わずかに動いた。生きているようだ。拾い上げると指に止まり、羽を動かしてウオーミングアップをはじめた。どうやら体を動かし暖まらないと、自由に動けないらしい。

　以前、吸蜜時以外のビロードツリアブをコースで見かけたことがある。ホバリングをやめて地上に降り立つときは、必ず陽のあたる場所だった。体が冷えたのでは動きが取れないようだ。

　それにしても、変わった格好で眠るものだ。ビロードツリアブにとっては、辺りが暗くなり、冷え込んで動きが鈍くなったら止まって羽根を休める場所がその日の塒（ねぐら）なのかもしれない。

　仮死状態で眠るので、変な格好でも疲れない？

指先でウオーミングアップをはじめる

DATA

ビロードツリアブ【ハエ目　ツリアブ科】
林縁などの日当たりの良い場所に生息する、黄色の細長い毛が生えたアブ。長い口吻があるので、奥に蜜がある花でも吸うことができる。

子どもを護る親心

モリアオガエルの卵塊

モリアオガエル【森青蛙】

　日影沢林道をぼれぼれ（ゆっくり）歩きしていると、前方の樹上に何やら白い塊を発見。どうやらモリアオガエルの卵塊らしい。中には300〜500個の卵が入っているそうだ。それぞれの卵は、孵化したら下の水場（池や川など）にダイビングしていく。

　モリアオガエルはどうして水の上に卵塊をつくるのだろうか。本能的なのか、それとも祖先から場所探しの方法を伝授されるのであろうか。まかり間違えば子どもたちの生命が失われる。写真で見ると卵塊の場所は細い枝先である。これは柳に風の応用で、卵塊が風を受けてもショックを和らげ卵塊を護るひとつの方策とも考えられる。

　オタマジャクシは、カエルになるまで水の中でしか生きられない。親が確実に水場の上に卵塊をつくり、そこで産んでくれたおかげで安心してダイビングができる。行き着く先が土やコンクリートの上だったら、死が待っている確率は極めて高い。オトシブミなどは、卵を産んで葉を丸めたら、ところかまわず落としているようで、コースではハイカーに踏まれるものもある。

　カラスアゲハはコクサギを好み、その葉を軽く丸めてその中に卵を産みつけている。

　いずれも、長年にわたって培われた子育ての秘法は、確実に引き継がれているようだ。

D・A・T・A

モリアオガエル（森青蛙）
【アオガエル科　アオガエル属】
低山地や山地に生息し、体の色は地域によって異なる。水面に張り出した木の枝や水辺の草むらなどに、黄白色で泡状の卵塊を産む。

馬子にも衣装

チヂミザサ【縮み笹】

　注意して見る人が少ない花でも、可愛いのが見つかることもある。

　色合いもいい。花の時期もそうだが、実がなる頃になると芒(のぎ)がなが〜く伸びる。その芒に水滴がつくと、小さい風船玉がいくつもぶら下がっているような、不思議な光景になる。残念ながら雨の中での撮影だったので、水玉に輝きがない。わずかな時間でもいい、陽光に輝く水玉が見たい。でもその願いは絶望に近い。なぜなら狐の嫁入りでもない限り、チヂミザサにはミズタマソウのような保水力がない。晴れ間がくる前に風などで散りゆくに違いない。まさに風前(船)の灯火！　なのである。しかし贅沢は言えない。通常の姿に比べれば、水玉という服を着たチヂミザサは馬子にも衣装なのである。

　ところで、油断をしているとこの種子はズボンの裾などについて厄介である。そのままで歩いていると自然に落ちてなくなる場合もあるようだが、芒だけは衣服に残っているときもある。間違いなく、種蒔きをさせられている。

可愛いときもある

DATA

チヂミザサ(縮み笹)
【イネ科　チヂミザサ属】
山野の林内で見かける。高さは10〜30センチで、葉が「笹」に似て縁が縮れているため「縮み笹・皺笹」と呼ばれる。解熱や強壮にも効果がある。

またも出てきた変わり者

かたぐるま

裸の赤ちゃん

チゴユリ【稚児百合】

　チゴユリの花は、1個の場合が多い。2個咲きの場合は、ほぼ同じ大きさが並んで咲いているが、中には、左の写真のような変わったものがある。同じ葉腋から出た2個の花が上下に咲き、上の花が小さいと肩車をしている親子のように見える。右の写真ではシベだけなので、まるで裸の赤ちゃんである。

元気が良すぎて
上向いちゃった

ひなたぼっこがしたい

多すぎる花と苞

ワニグチソウ【鰐口草】

　雨が多いと、こんなに元気になるのだろうか。とにかく普通のワニグチソウと違う。特に数が多いわけではないが、2008年にはこんな変てこワニグチソウが見られた。毎年同じように見られることを祈りたい。

DATA	チゴユリ（稚児百合）　→P51
	ワニグチソウ（鰐口草）【ユリ科　ナルコユリ属】 山地の林内で生息している多年草。高さは20〜40センチで、茎の下部は円柱形、上部には短毛がある。花は筒状で淡緑色をしている。

6.果実

　植物にとって実は宝である。
　次世代への繋ぎ役としての重責を担っている。花の大切な役目は、果実をつくることにある。だから植物たちは、受粉・受精に向けて懸命な努力をしている。
　なぜ果実は花に劣らずきれいになるのだろうか。それは、花たちの努力に報いるために発芽率を高めることと、テリトリーを広げるために鳥たちの力を借りようと努力している姿である。
　晩秋に実が熟するのは、鳥たちの餌となる虫が少なくなるこの時期を選んでいるようにも思える。

未来を託された果実たち

トチバニンジン

ソウシショウニンジン

トチバニンジン【栃葉人参】
ソウシショウニンジン【相思子葉人参】

　名前の由来は、葉が栃の葉に似ていて、全容が朝鮮人参に似ているからとされている。6月頃花が咲き、8月になると赤い実が熟す。薬草でもあるらしい。熟した実は鳥に好まれるのか自然落下なのか分からないが、枝に残っているものは少ない。
　実の一部が黒くなるものをソウシショウニンジンと呼んでいる。

ウメモドキ【梅擬】

アオツヅラフジ【青葛藤】

　雌雄異株の落葉低木。花の咲く頃は周囲の雑木の葉などに隠れて目立たないが、10月頃になると落葉の季節になり、熟した実が目立つようになる。実は長期間残るので11月頃でも見られる。

　落葉蔓植物で、他の樹木に絡んで伸びていく。7月頃咲く花は自分の葉に隠れて目立たないが、11月頃は葉が落ちてしまうので実が目立つようになる。

DATA

トチバニンジン（栃葉人参）
【ウコギ科　トチバニンジン属】
丘陵地の草原や林内に生えている多年草。茎は白色で長く、竹の節に似ていることから「チクセツニンジン」と呼ばれることも。

ソウシショウニンジン（相思子葉人参）
【ウコギ科　トチバニンジン属】
多年草で、山地の林内に生息している。葉の中央から真っすぐに花茎を出し、実の一部が黒くなったもの。

ウメモドキ（梅擬）
【モチノキ科　モチノキ属】
落葉低木で、落葉後も赤い実が多く枝についている。

アオツヅラフジ（青葛藤）
【ツヅラフジ科　アオツヅラフジ属】
山野で見られる落葉つる性植物。枝や葉は短毛で覆われており、初夏～夏に小さい黄色の花をたくさんつける。

1999/10/11

スイカズラ【吸葛】

花がペアで咲くので実もペアになる。実は、見方によってはトンボの目玉のように見える。別名のキンギンカは、咲きはじめの白い花が徐々に黄色に変化していくので、ツートンカラーに見えることによるらしい。

トキリマメ

1999/12/3

花は7〜8月だが、花よりサヤと種子が鮮やかである。毎年同じ場所で見られるが、花が咲いて実がなっても鮮やかな姿を見せることは少ないようだ。紅葉などと同じように、夏は夏らしく秋は秋らしい天気にならない限り満点の色は望めそうもない。

リュウノヒゲ【竜の髭】

「リュウノヒゲ」と「ジャノヒゲ」、どちらが本名でどちらが別名なのか分からない。竜には髭があり、蛇には髭がない。だからジャノヒゲを別名にしてしまった。どちらでもいいのかな?

D·A·T·A

トキリマメ
・オオバタンキリマメ
【マメ科　タンキリマメ属】
山野に生えている、つる性の多年草。タンキリマメによく似ている。果実は2センチほどの楕円形の豆果で、赤褐色に熟した中に黒紫色の種が入っている。

スイカズラ（吸葛）
・キンギンカ（金銀花）
【スイカズラ科　スイカズラ属】
林の縁や草原に生えている、つる性低木。花の蜜を子どもたちが吸ったためにこの名前になった説と、腫毒の吸い出しに使ったことがあるから、との説がある。

リュウノヒゲ（竜の髭）
・ジャノヒゲ（蛇の髭）
【ユリ科　ジャノヒゲ属】
山野の林下で見られる。葉の縁に小さな鋸歯があり、淡紫色や白色の花が咲く。11〜12月頃、7ミリほどのコバルト色をした実をつける。

実

サネカズラ【実葛】

> 名にしおはば逢坂山のさねかづら
> 　人に知られでくるよしもがな
> 　　　　　　　　　　（三条右大臣）

　百人一首などにも登場するサネカズラ。雄花と雌花が色違いで面白い。花以上に実がきれいなので実葛となり、茎に含む粘液を整髪に使ったことから別名の美男葛になったと言われている。花は7〜8月で、11月頃から熟した赤い実が見られる。

雌花

雄花

DATA
サネカズラ（実葛）・ビナンカズラ（美男葛）
【マツブサ科　サネカズラ属】
落葉性の樹木。春に白色や淡赤色〜濃紅色の花を咲かせる。葉は互生し、縁に鋸歯がある。

サンショウ【山椒】

　サンショウは、赤い種皮が裂開して艶のある黒い実が出てくる。
　若葉も実も、香りで勝負している。

フユザンショウ【冬山椒】

　同じサンショウの仲間で、実もよく似ている。フユザンショウは雌雄別株だが、雄木は見つかっていないらしい。でも、立派な実がなっている。特徴は葉柄に翼があることだが、幼木では葉を落としているものもある。

DATA
サンショウ（山椒）
フユザンショウ（冬山椒）
→P10

ヘクソカズラ【屁糞蔓】

　名前が良くない。でもこの名前は生涯ついてまわる。名前の通り、においも良くない。
　花は中心が赤いのでヤイトバナとも呼ばれる。また、サオトメバナとも呼ばれているようで、さしずめ写真の水滴は乙女の涙かもしれない。

アマチャヅル【甘茶蔓】

　一時のブームはどこへいったやら…。今でも健康茶として販売されているが、即効性のないものはすぐに忘れ去られる。でも、雨に濡れ滴り落ちる実の涙は心の妙薬としての効能はありそうだ。

ヒヨドリジョウゴ

　ヒヨドリがよく食べるのでヒヨドリ上戸らしい。高尾山にはヒヨドリが多いが、実は遅くまで残っているので好んで食べてはいないようだ。おいしそうな実だが、有毒なので注意が必要である。

DATA

ヘクソカズラ（屁糞蔓）
→P67

アマチャヅル（甘茶蔓）【ウリ科　アマチャヅル属】
山や野原の林に生えている、つる草。丈の低い木や草に巻きついて伸びている。葉をかむと甘みがあることからこの名前に。

ヒヨドリジョウゴ【ナス科　ナス属】
丘陵地の林縁で生息している、つる性の多年草。草を乾燥させたものを生薬として古くから使っており、解熱・神経痛などに服用したり塗ったりする。

オニシバリ【鬼縛り】

ノササゲ【野大角豆】

　他の植物が秋から冬にかけ実の色を染めるのに対し、オニシバリは真夏に赤く熟し、存在感をあらわにする。そして、別名をナツボウズと呼ばれるように、葉を落としてしまうため余計に実が目立つ。この時期は昆虫なども多いので、鳥たちにとっては見ても食欲が湧かないかもしれないが、希少価値はありそうである。

　よく目立つマルバノホロシの近くで見つけた。実が熟す頃になると、花に劣らず美しいものが多い。鳥たちに種子の存在を知らせるためサヤを目立たせていると思われるが、サヤを種子の入れ物として使用し、種子が熟したら今度は目印としてこれを再利用する。植物たちの知恵は、ここにも見られる。

ハダカホオズキ【裸酸漿】

　実がたくさんついている。でも、ホオズキのように服を着ていないことからハダカホオズキに。名前の由来が分かりやすい。落葉しても色鮮やかな実が残るため、一層引き立つ。

DATA

オニシバリ（鬼縛り）・ナツボウズ（夏坊主）
→P93

ノササゲ（野大角豆）・キツネササゲ
【マメ科　ノササゲ属】
山野の湿った場所に生えている、つる性の多年草。茎は細く、紫色を帯びている。豆果は濃紫色で、中に5ミリほどの黒い種子が3～5個入っている。

ハダカホオズキ（裸酸漿）
【ナス科　ハダカホオズキ属】
高さは60～90センチで、山地の林縁などに生息している多年草。茎は枝分かれして広がり、葉は互生し卵形長楕円形をしている。

付 録　エノコログサ（猫ジャラシ）で遊ぼう

採取期：6〜10月頃
材　料：エノコログサ 5本

1. 2本を揃えて置く。

　　イラスト①

2. 胴体の作り方

1）花穂をしっかり巻いていく。

　イラスト②

2）花穂をしっかり巻き付けて、両方の先端を
　　2本の軸にはさみ込むと、イラスト④のようになる

　イラスト③

＊2本の軸にすき間が
できないよう、しっかりと。

　イラスト④

3. 頭の作り方

花穂の巻きつけ方は、胴体と同じ。
1）花穂の先端を余らせ、2本の軸に
　　はさみ込むと、イラスト⑥に。

＊耳の長さが揃うように、
花穂の長さが同じもの
を選ぶ。

　イラスト⑤

イラスト⑥

3）軸の片側を他方の孔に通し、最後まで引っ張る。

イラスト⑦

4. 組み立て図

イラスト⑧

5. 完成！

何に見えるかな？

＊ 注意事項 ＊
エノコログサにはいろいろな種類があり、花穂と軸の付け根（首）の部分が折れやすいものもある。あらかじめ首の部分をつぶしておくと良い。また、頭、胴体、しっぽにそれぞれ違った種類を使えば、変化に富んだものができあがる。耳の長さやしっぽの長さを変えてみても面白い。

あとがき

　アイスランドの元大統領が「自然に耳を傾ける社会へ」という演説中、「植物は話せない。だから人間が気づいてあげないといけない」と語ったという記事が朝日新聞に掲載されていた。もっともな話である。気づいてあげるといっても、単純な問題ではないと思う。

　日頃から植物たちの自然な姿に慣れ親しんでいなければ、異変に気づくのは難しい。それには、まず見て自然に触れ、そして観て自然を知るようにすればいいように思う。高尾山は、いつでも自然に触れる場・学習の場を提供している。しかし、テストをするような堅苦しい教室としての場ではない。

　まず準備運動をして肩の力を抜き、山頂目指して歩いてみよう。疲れたら休んで、水でも飲みながら周りを見てみよう。そこには遠くの景色があったり、近くの草花や樹木があったりする。少し注意してみると、植物によって葉の大きさや形の違いがあることに気づくようになる。これが「観る」のはじまりである。

　次に花の名前を覚えよう。高尾山周辺は地理的条件に恵まれ、他の山に比べて圧倒的に花の数が多い。こんな宝の山をなんにも見（観）ずに、ただ歩くだけではもったいない。観る習慣が身につけば花の特徴がつかめるようになり、似たような花でも見分けがつくようになる。気になる花があれば、それを観にまた来たくなる。そして回を重ねるうちに、花の生態が分かるようになり、気づいてあげられるようになる。過去や他の場所との比較など、日常の生態を知らなければできるものではないように思う。もちろん、立ち枯れや風水害などは別な話である。

　植物なくして生命はない。分け隔てなく酸素を供給してくれるのが植物なら、生き物に食料を供給しているのも植物である。植物たちへの恩恵を忘れてはならない。

　閑話休題。この本の目的とするところは、高尾で楽しく過ごすための植物遊びのヒントを提供することである。この本は教科書ではない。素人が独断と偏見によって、植物の生きる姿を観て、その知恵を拡大（？）解釈して述べたにすぎない。真実は分かるものではないが、植物たちの知恵は必見に値する。植物たちの現在の姿を観て、その将来像を予想するのも面白い。

　最後に、この本の執筆にあたり数多くの方々から多大なる情報をいただいた。高尾といえども広い面積をもっているので、ひとりで探し回っても限界がある。多くの方々に謝意を表したい。

1年の終わり

ダイヤモンド富士

　年の瀬も迫る冬至の日の前後、富士山頂に沈む夕日を高尾山で見ることができる。高尾山頂や富士見台、それに2007年以降は紅葉台からも見えるようになった。大勢のカメラマンが押し寄せ、場所取りも撮影前のひと仕事。実演つきカメラの展示場にもなるようだ。しかし、場所取りができたからといって安心はできない。自然は時として意地悪をすることがあり、容易にチャンスを与えてくれない。日中は晴れていても、徐々に雲が発生し、待ちに待った瞬間を前にダイヤモンドを横取りすることだってある。また、せっかくのチャンスが到来しても沈む速度が速く、あっという間に富士の背中に消えていく。瞬間の集中力の勝負である。太陽が沈んでしばらくの間、富士山から丹沢連峰にかけての夕空は彩り鮮やかで、帰りがたき一時でもある。

　この時期になると、高尾の1年は幕を閉じたかのようにみえる。だが、シモバシラやキジョランは見頃を迎えている。そして、葉痕探しの機は熟している。「エンドレス高尾」はいつまでも続く。

　花の百名山でもある高尾山は、南北高尾そして裏高尾、小下沢、日影沢、影信山、さらに陣馬山などを含め、花の宝庫である。鳥や昆虫も楽しませてくれる。花の仲人が昆虫ならば、種蒔きは鳥たちの仕事でもある。

　諸行無常の世の中、高尾もその例外ではない。高尾の1年、その変化を遊び心でじっくり観て楽しみたいものである。

索引

ア行

アオイスミレ・ヒナブキ	74
アオスズラン・エゾスズラン	84
アオツヅラフジ	116
アカネスミレ	76
アキノキリンソウ	97
アケボノスミレ	77
アズマイチゲ	29
アマチャヅル	120
イカリソウ	43
イタジイ・スダジイ・シイノキ	9
イチヤクソウ	58
イナモリソウ	57
イヌザンショ	10
イワタバコ	62
イワボタン	31
ウマノスズクサ	101
ウメ	12
ウメガサソウ	58
ウメモドキ	116
ウラシマソウ	47
ウリノキ	91
エイザンスミレ	77
エゾスズラン・アオスズラン	84
エンレイソウ	35
オオカモメヅル	72～73
オオバウマノスズクサ	88～89
オオバタンキリマメ・トキリマメ	117
オオバノトンボソウ	84
オオルリソウ	42
オカスミレ	76
オクモミジハグマ	97
オケラ	69
オトメスミレ	78
オニグルミ	50
オニシバリ・ナツボウズ	93.121
オモイグサ・ナンバンギセル	63

カ行

カタクリ	36
カヤ	108
カヤラン	80
カラスザンショウ	10
カンアオイ	44
寛容植物	108
キジョラン	102～103
キッコウハグマ	104
キツネササゲ・ノササゲ	121
キバナアキギリ	98～100
キンギンカ・スイカズラ	117
クズ	6～8.12
クモキリソウ	83
クルマアザミ	66
ケヤキ	109
ゲンノショウコ	94～95
コスミレ	74
コナラ	12
コバノカモメヅル	72～73
コブシ	18

サ行

サイハイラン	81
ササバエンゴサク・ヤマエンゴサク	39
サネカズラ・ビナンカズラ	118
サワルリソウ	42
サンショウ	10.119
シイノキ・スダジイ・イタジイ	9
ジイソブ・ツルニンジン	64
シモ	16～26
シモバシラ	17
ジャケツイバラ	53
ジャノヒゲ・リュウノヒゲ	117
シラカバ	12
シラユキフモトスミレ	78
シロバナタチツボスミレ	75
シロバナヒナスミレ	79
ジロボウエンゴサク	39
スイカズラ・キンギンカ	117
スズサイコ	60
スズムシソウ	82
スダジイ・シイノキ・イタジイ	9
セイタカトウヒレン	67
セッコク	81
セリバヤマブキソウ	48
センニンソウ	96
センボンヤリ	90
ソウシシヨウニンジン	116

タ行

タカアザミ	65
タカオスミレ	75
タカオヒゴタイ	71
タチガシワ	54
タチツボスミレ	74
タマアジサイ	9
タマノカンアオイ	45
チゴユリ	51.114
チヂミザサ	113
ツチアケビ	85
ツツナガヤイトバナ	67
ツボスミレ・ニョイスミレ	79
ツミ	110
ツルギキョウ	68
ツルニンジン・ジイソブ	64
ツルネコノメ	31
テイカカズラ	56
トキリマメ・オオバタンキリマメ	117
トチバニンジン	116

トモエソウ	61	フウ	13	モリアオガエル	112
トンボソウ	86	フギレナガバノスミレサイシン	76	ヤブコウジ	14

ナ行

ナガバノアケボノスミレ	79	フクオウソウ	71		
ナガバノスミレサイシン	75	フクジュソウ	28	**ヤ行**	
ナツボウズ・オニシバリ	93.121	フサザクラ	32	ヤマエンゴサク・ササバエンゴサク	39
ナナカマド	12	フジカンゾウ	11	ヤマシャクヤク	49
ナンバンギセル・オモイグサ	63	フタバアオイ	44	ヤマブキ	12
ニオイタチツボスミレ	79	フタリシズカ	33	ヤマブキソウ	48
ニセアカシア・ハリエンジュ	55	フナバラソウ	59	ヤマフジ	12
ニョイスミレ・ツボスミレ	79	フモトスミレ	78	ヤマボウシ	12
ニワトコ	9.12	フユザンショウ	10.119	ヤマルリソウ	42
ヌスビトハギ	11	ヘクソカズラ	67.120	ヨウラクラン	85
ネコノメソウ	31	ベニシュスラン	86	ヨゴレネコノメ	31
ノササゲ・キツネササゲ	121	ホウチャクソウ	51		
		ホウチャクチゴユリ	51	**ラ行**	
ハ行		ホオノキ	52	ラショウモンカズラ	46
バアソブ	64	ホシザキイナモリソウ	57	リュウノヒゲ・ジャノヒゲ	117
ハダカホオズキ	121	ホソバヤマブキソウ	48	リンドウ	70
ハナイカダ	41	ボタンヅル	96	レンプクソウ	28
ハナネコノメ	30				
ハリエンジュ・ニセアカシア	55	**マ行**		**ワ行**	
ヒイラギ	108	マルバコンロンソウ	37	ワダソウ	38
ヒカゲスミレ	76	マルバスミレ	75	ワニグチソウ	114
ヒゴスミレ	77	マルバヌスビトハギ	11		
ヒサカキ	108	マルバノホロシ	14		
ヒトリシズカ	33	マヤラン	83		
ヒナスミレ	74	ミツバアケビ	107		
ヒナブキ・アオイスミレ	74	ミツバコンロンソウ	37		
ビナンカズラ・サネカズラ	118	ミドリニリンソウ	34		
ヒメフタバラン	80	ミミガタテンナンショウ	40		
ヒヨドリジョウゴ	120	ミヤマウズラ	86.92		
ピロードツリアブ	111	ミヤマエンレイソウ	35		
ヒロハコンロンソウ	37	ムダイ（無題）	106		
フイリイナモリソウ	57	ムヨウラン	82		
		ムラサキマムシグサ	40		
		モミジバフウ	8		

著者略歴

黒木 昭三（くろき　しょうぞう）

1939年宮崎県都城市生まれ
現在、八王子市在住

参考文献
山渓ポケット図鑑1〜3（山と渓谷社）
高尾山 花と木の図鑑（主婦の友社）

ぽれぽれ高尾山観察記
―遊び心で探す自然のたからもの―

2009年1月5日 第1刷発行
2009年3月6日 第2刷発行

著　者　　黒木 昭三

発　行　　株式会社 けやき出版
　　　　　〒190-0023 東京都立川市柴崎町3-9-6
　　　　　TEL 042-525-9909　FAX 042-524-7736
　　　　　http://www.keyaki-s.co.jp

印　刷　　株式会社 平河工業社

©2009 SYOZO KUROKI Printed in japan
ISBN 978-4-87751-375-7 C0076
落丁・乱丁本はお取り替えいたします。